Schritt für Schritt zum Patent

Sonja Vorwerk

Schritt für Schritt zum Patent

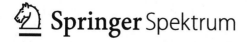 Springer Spektrum

Sonja Vorwerk
Dossenheim
Deutschland

Die Darstellung von manchen Formeln und Strukturelementen war in einigen elektronischen Ausgaben nicht korrekt, dies ist nun korrigiert. Wir bitten damit verbundene Unannehmlichkeiten zu entschuldigen und danken den Lesern für Hinweise.

ISBN 978-3-662-55965-9   ISBN 978-3-662-55966-6 (eBook)
https://doi.org/10.1007/978-3-662-55966-6

Die Deutsche Nationalbibliothek verzeichnet diese Publikation in der Deutschen Nationalbibliografie; detaillierte bibliografische Daten sind im Internet über http://dnb.d-nb.de abrufbar.

Springer Spektrum

Verantwortlich im Verlag: Stefanie Wolf

Gedruckt auf säurefreiem und chlorfrei gebleichtem Papier

Springer Spektrum ist ein Imprint der eingetragenen Gesellschaft Springer-Verlag GmbH, DE und ist ein Teil von Springer Nature.
Die Anschrift der Gesellschaft ist: Heidelberger Platz 3, 14197 Berlin, Germany

Vorwort

Als mir ein Mit-Doktorand vor vielen Jahren erzählte, dass er darüber nachdenkt, nach der Promotion Patentanwalt zu werden, fand ich diese Idee vollkommen absurd. Wer will sich denn so etwas antun und warum? Jener Mit-Doktorand ist nicht im Patentrecht gelandet – zu meinem eigenen Erstaunen etliche Jahre später aber ich …

In meinem Studium kam Patentrecht leider nicht vor. Da ist es vielleicht auch kein Wunder, dass ich dem Thema lange mit Skepsis und viel Unwissenheit gegenüberstand. Vermutlich geht es aber vielen Studenten und Berufsanfängern ähnlich. Inzwischen bin ich davon überzeugt, dass jeder Student eines naturwissenschaftlichen Fachs zumindest die Grundbegriffe des Patentrechts verstehen sollte.

Dieses Buch liefert in kompakter Form alles Wissenswerte zum Thema Patentrecht. Patente sind nichts, was nur andere angeht. Jeder Forscher sollte sich regelmäßig fragen, ob die eigenen Laborergebnisse nicht patentrechtlich geschützt werden können (und vielleicht sogar müssen). Neben einer finanziellen Beteiligung am Gewinn erhält der Erfinder auch einen weiteren Eintrag in seine Publikationsliste – es zahlt sich also aus, erfinderisch zu sein.

Also: Werden Sie erfinderisch, wenn Sie es nicht schon sind!

Sonja Vorwerk
Heidelberg, Februar 2018

PS: Alle Informationen in diesem Buch wurden sorgfältig geprüft. Für Richtigkeit und Vollständigkeit kann jedoch keine Gewähr übernommen werden, und dieses Buch ersetzt keine Rechtsberatung. Patentrecht unterliegt einem ständigen Wandel, sodass bestimmte Informationen leider veraltet sein können. Sie haben einen Fehler gefunden oder eine sonstige Anregung? Die Autorin freut sich über ihre Rückmeldung.

Danksagung

Dieses Buch geht auf die Initiative von Merlet Behnke-Braunbeck vom Springer-Verlag zurück, der ich auf diesem Wege ganz herzlich danke. Für die gute Betreuung geht auch ein großes Dankeschön an Martina Mechler und Stefanie Wolf vom Springer-Verlag. Zu guter Letzt: Vielen Dank an Cornelia Reichert, die als Copyeditorin dem Text erst den richtigen Schliff gegeben hat.

Inhaltsverzeichnis

Grundlagen

Das Warum, Was und Wofür des Patentrechts

© Springer-Verlag GmbH Deutschland, ein Teil von Springer Nature 2018
S. Vorwerk, *Schritt für Schritt zum Patent*,
https://doi.org/10.1007/978-3-662-55966-6_1

Viele Forscher, gerade im akademischen Bereich, denken nicht ernsthaft über Patente nach. Manche, weil sie nichts über das Thema wissen, andere, weil sie es für ihre Arbeit als nicht wichtig ansehen. Dabei ist kann es durchaus sinnvoll sein, das zu ändern. Dieses Buch bietet eine Schritt-für-Schritt-Anleitung, eigene Forschungsergebnisse mit einem Patent schützen zu lassen. Bevor es in ► Kap. 2 aber konkret mit den Grundlagen des Patentrechts losgeht, dreht es sich hier zunächst um die Frage, warum es sich für jeden Naturwissenschaftler empfiehlt und lohnt, weiterzulesen und in diese – vermeintlich trockene – Materie einzusteigen.

1.1   Grundkenntnisse im Patentrecht? Stehen jedem Forscher gut

Manche akademische Forscher meinen immer noch, dass Patente nur in der industriellen Forschung eine Rolle spielen, aber in der akademischen Welt vernachlässigbar seien. Dabei wird ignoriert, dass auch an akademischen Forschungseinrichtungen Wissen generiert wird, das zu verbesserten oder vollkommen neuen Verfahren und Produkten führen kann. Bleibt dieses Wissen ungeschützt, ziehen womöglich andere wirtschaftlichen Nutzen daraus, ohne den Urheber um Erlaubnis fragen oder ihn an den Gewinnen beteiligen zu müssen – ein Problem, das alle Arten von Wissen betrifft: Das sogenannte „geistige Eigentum" hat einen Wert. Aber während ein materielles Gut – also irgendein Gegenstand – üblicherweise nur einmal existieren kann, kann sich in die Welt gesetztes Wissen fast unbegrenzt verbreiten Theoretisch kann jeder es nutzen. Um das zu verhindern und auch immaterielle Güter schützbar zu machen, gibt es verschiedene Arten von Schutzrechten (▫ Abb. 1.1).

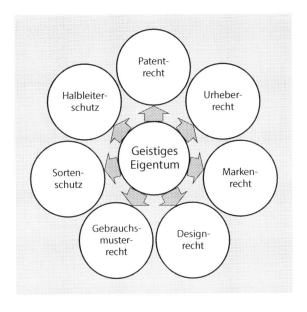

▫ **Abb. 1.1**   Übersicht über die wichtigsten Schutzrechte für geistiges Eigentum

1.1 · Grundkenntnisse im Patentrecht? Stehen jedem Forscher gut

3

1

Beim *Urheberrecht* etwa geht es darum, das Recht eines Künstlers an seinem Werk zu schützen, das zum Beispiel aus Literatur, Malerei, Bildhauerei, Fotografie, Schauspiel oder Tanz stammen kann. Das *Markenrecht* schützt dagegen Erkennungszeichen für Produkte oder Dienstleistungen – wie ein angebissener Apfel, der für Computer, Smartphones und Unterhaltungselektronik eines bestimmten Herstellers steht. Beim *Designrecht* werden ästhetische Formschöpfungen vor Nachahmung geschützt, zum Beispiel die spezielle bauchige Form der Flasche für ein bestimmtes kohlensäurehaltiges Erfrischungsgetränk. Das *Gebrauchsmusterrecht* schützt wie das Patentrecht technische Neuerungen und wird gerne auch „kleines Patent" genannt: Es kann üblicherweise schneller erlangt werden, da von Amtsseite in vielen Ländern zunächst keine Prüfung erfolgt. Allerdings bietet es nur maximal zehn Jahre Schutz, ein Patent dagegen schützt 20 Jahre lang. Der *Sortenschutz* schützt den Pflanzenzüchter vor unautorisierter Vermehrung und Verkauf seiner Sorten und das *Halbleiterschutzgesetz* verhindert die unberechtigte Reproduktion der dreidimensionalen Struktur von Halbleitern.

Dieses Buch behandelt jedoch ausschließlich das Patentrecht, das in den Biowissenschaften und der Chemie wahrscheinlich das wichtigste Schutzrecht für geistiges Eigentum ist. Warum also ist es sinnvoll, sich damit zu beschäftigen?

■ **Arbeitnehmererfindergesetz – Meldepflicht für Erfindungen**

Selbst wer sich nicht für eine kommerzielle Verwertung der eigenen Forschungsergebnisse interessiert und auch keine Einwände dagegen hätte, wenn Dritte dies tun wollten, darf unter Umständen gar nicht selbst über die Nutzung dieser Rechten entscheiden: Die Rechte an Diensterfindungen – also von Erfindungen, die im Rahmen eines Arbeitsverhältnisses entstehen – liegen üblicherweise beim Arbeitgeber. Der angestellte Forscher muss ihm patentfähige Erfindungen melden. Welche Arten von Erfindungen unter diese Meldepflicht fallen, ist in den verschiedenen Ländern allerdings unterschiedlich geregelt (▶ Kap. 5).

Viele Forscher sind sich gar nicht bewusst, dass sie gesetzlich verpflichtet sind, patentfähige Entdeckungen zu melden – und zwar nicht erst, wenn die Publikation schon eingereicht wurde, denn dann ist es häufig für einen Patentschutz zu spät. Sich mit patentrechtlichen Themen ein wenig auszukennen, hilft, Verstöße gegen arbeitsrechtliche Verpflichtungen zu vermeiden, die unter Umständen sogar dazu führen können, gegenüber dem Arbeitgeber Schadensersatz leisten zu müssen.

Im Gegenzug kann das Arbeitnehmererfindergesetz aber auch einen handfesten finanziellen Vorteil bringen: Kann der Arbeitgeber eines akademischen Erfinders – also die Universität oder Forschungseinrichtung – die Erfindung auslizenzieren oder verkaufen, erhalten die beteiligten Forscher in einigen Ländern Erfindervergütung. In Deutschland sind das zum Beispiel 30 Prozent der Einnahmen aus der Erfindung, von denen der Arbeitgeber keinerlei Kosten abziehen darf. In der Industrie steht dem Erfinder demgegenüber zwar nur ein wesentlich kleinerer Anteil zu, aber auch der kann sich lohnen. Der Erfinder profitiert also nicht unerheblich von den Erlösen, wenn seine Erfindung verwertet wird – und zwar ohne selbst irgendein finanzielles Risiko zu tragen. Denn findet sich kein Interessent für eine Erfindung, muss die Universität oder Forschungseinrichtung die Patentkosten tragen und kann diese auch nicht an die Erfinder weitergeben. Eine Erfindung zu melden, kann also finanziell durchaus lukrativ sein, auch wenn diese Einnahmen wie jedes andere Einkommen zu versteuern sind.

- **Patente finanzieren Forschung**

Akademische Forschung lebt von Drittmitteln. Diese stammen üblicherweise aus Steuereinnahmen oder aus Forschungskooperationen mit Industrieunternehmen. Bei Industriekooperationen ist recht offensichtlich, dass die Industriepartner stark an der Patentierung von Forschungsergebnissen interessiert sind, schließlich leben Unternehmen davon, neue Erkenntnisse in Produkte umzusetzen und mit ihnen Geld zu verdienen. Patentschutz ist hier ein wichtiges Instrument, um Nachahmungen durch Konkurrenten zu verhindern, die üblicherweise zu einem Preisverfall führen.

Ein bekanntes Beispiel aus der Pharmabranche sind sogenannte Generika, quasi wirkstoffgleiche Medikamentenkopien: Sobald der Patentschutz für ein erfolgreiches Medikament abgelaufen ist, gibt es neben dem – teuren – Originalpräparat häufig wesentlich günstigere Nachahmerprodukte. Diese profitieren davon, dass ihre Hersteller keine Forschungsarbeit in die Entwicklung stecken mussten, deren Kosten durch den Medikamentenverkauf erst einmal zu erwirtschaften sind. Entsprechend günstiger können Generika verkauft werden.

Ein Industriepartner wird deshalb sehr genau darauf achten, dass patentfähige Ergebnisse rechtzeitig zum Patent angemeldet werden. Um eben solche potenziellen Erfindungen melden zu können, müssen Forscher in Industriekooperationen in der Lage sein, diese zu erkennen.

Auch der Steuerzahler hat ein Recht darauf, dass seine Steuergelder effektiv eingesetzt werden. Hierzu gehört, mögliche Einnahmen, die mit den Forschungsergebnissen erzielt werden können, nicht zu ignorieren. Bekanntermaßen kostet Forschung Geld – und viel zu häufig wird nicht bedacht, dass sich mit ihr auch verdienen lässt: zum Beispiel durch kostenpflichtige Lizenzen für patentierte Erfindungen oder den Verkauf von Patenten beziehungsweise Patentanmeldungen an Dritte. Nicht zuletzt deshalb enthalten Förderungszusagen zu staatlich finanzierten Forschungsprojekten inzwischen oft die vertragliche Verpflichtung, patentfähige Erfindungen zum Patent einzureichen.

Praktisch jede Forschungseinrichtung besitzt heute Technologietransfergesellschaften oder Technologieverwertungsgesellschaften – mehr oder weniger große Abteilungen, die dafür verantwortlich sind, die Mitarbeiter dieser Einrichtungen im Patentrecht zu schulen, sie bei patentrechtlichen Fragen zu beraten, ihre Erfindungsmeldungen entgegenzunehmen, Patentanmeldungen zu schreiben und Patente zur Erteilung zu bringen beziehungsweise die letzten beiden Punkte mit externen Patentanwälten zu koordinieren. Diese Einrichtungen sind ganz unterschiedlich organisiert. Manchmal hat eine Hochschule oder Universität eine entsprechende eigene Abteilung, andere Universitäten schließen sich zu Verbünden zusammen. Die großen Forschungsgesellschaften wie die Max-Planck-Gesellschaft (MPG) oder die Helmholtz-Gemeinschaft Deutscher Forschungszentren besitzen hierfür zentrale Einrichtungen.

Vorreiter bei der akademischen Technologieverwertung waren die USA. Aber auch die europäischen Forschungseinrichtungen haben das Potenzial erkannt und rüsten zunehmend auf. Die folgenden Beispiele zeigen, wie Erlöse aus akademischer Arbeit wieder zurück in die Forschung fließen.

Erfolgreicher Technologietransfer in Deutschland

Die Max-Planck-Gesellschaft (MPG) verwaltet durch ihre Technologieverwertungsgesellschaft Max-Planck-Innovation ungefähr 1200 Erfindungen, zu denen jedes Jahr etwa

1.1 · Grundkenntnisse im Patentrecht? Stehen jedem Forscher gut

5

1

140 neue hinzukommen. Hiermit wurde 2015 ein Umsatz von 23,8 Millionen Euro erzielt. Davon blieben nach Abzug von Unkosten und Auszahlung der Erfindervergütung knapp zwölf Millionen Euro für die Forschung der MPG übrig – die in neue Forschung investiert werden können [1].

Im gleichen Jahr haben Forscher der Fraunhofer Gesellschaft 670 Erfindungsmeldungen bei Fraunhofer Intellectual Property eingereicht, der Technologieverwertungsgesellschaft der Fraunhofer Gesellschaft. Hiervon wurden 506 zum Patent angemeldet. Zugleich erhöhten Lizenzerträge die Rücklagen der Gesellschaft um 29 Millionen Euro [2].

Wichtig in diesem Zusammenhang ist für den Erfinder, aktiv mit den Ansprechpartnern in den Technologietransferzentren zusammenzuarbeiten, denn das kann die Erfolgsquote für eine Auslizensierung oder einen Verkauf der Erfindung deutlich erhöhen. Häufig kennt der Erfinder das kommerzielle Umfeld und kann hilfreiche Vorschläge zu potenziellen Lizenznehmern oder Käufern machen.

▪ Patente als Grundlage für Firmenausgründungen

Für den Steuerzahler zählen aber nicht nur Lizenzeinnahmen. Eine mindestens genauso wichtige Nutzung von zum Patent angemeldeten Forschungsergebnissen liegt in der Neugründung von Firmen, sogenannten Spinn-offs oder Ausgründungen. Diese setzen sich zum Ziel, eine oder mehrere Erfindungen aus einer akademischen Forschungseinrichtung im Rahmen eines neu gegründeten Unternehmens zur Marktreife zu bringen – oft unter der Leitung eines oder mehrerer Erfinder. In Deutschland entstehen so jedes Jahr etwa 1200 Spinn-offs aus der Wissenschaft, die rund 5300 neue und meistens anspruchsvolle Arbeitsplätze bereitstellen [3]. Beeindruckend ist in dieser Hinsicht zum Beispiel die Eidgenössisch-Technische Hochschule Zürich: Allein 2016 hat sie 25 Spinn-offs auf den Weg gebracht [4].

Da diese Ausgründungen in die Kommerzialisierung der Erfindungen Zeit und Geld investieren, ist es verständlich, dass solche Unternehmen einen soliden Patentschutz benötigen, um Nachahmer aus ihrer Nische fernzuhalten.

Neben gesellschaftspolitischen Vorteilen bieten Spinn-offs auch besondere Karriereoptionen. Da die wenigsten Naturwissenschaftler dauerhaft an einer akademischen Forschungseinreichung bleiben werden, bieten Ausgründungen sehr interessante Optionen für sie. Dies gilt vor allem für Forscher, die gerne ihr eigener Chef sein und ihre Fähigkeiten und Kenntnisse erweitern wollen. Neben der reinen Wissenschaft müssen sich die Gründer um wirtschaftliche Fragen kümmern und sich unter anderem mit Marktbeobachtungen, Marktanalysen, Budgetplanungen und dem Eintreiben von Geldern beschäftigen. Auch wenn es selten nur einen Gründer gibt, sondern sich meistens Partner mit ergänzenden Qualifikationen zusammentun, so müssen alle Beteiligten grundlegende Entscheidungen verstehen und mittragen. Die (Mit-)Gründer erwartet also eine sehr vielseitige Aufgabe, die es notwendig macht, sich schnell Wissen aus anderen Bereichen anzueignen.

▪ Patente = zusätzliche Publikationen

Ein weitverbreitetes Vorurteil gegen Patente ist, dass sie nicht mit wissenschaftlichen Veröffentlichungen vereinbar seien. Vielmehr wird mit ihnen eine Einschränkung der Publikationsfreiheit verbunden. Also verzichten Wissenschaftler lieber darauf, Patente anzumelden, um ungehindert veröffentlichen zu können. Diese Annahme ist jedoch falsch: Mit etwas Planung lassen sich Patentanmeldungen mit einer zeitnahen Veröffentlichung von Forschungsergebnissen in wissenschaftlichen Zeitschriften kombinieren. So ist beides möglich – Patent und Paper. Wie hier am besten vorzugehen ist, wird in ▶ Abschn. 2.1.2 näher erläutert.

Auch Patentanmeldungen werden veröffentlicht, üblicherweise 18 Monate nach dem Einreichen. Diesen Service leisten die jeweiligen Patentämter und die Publikationen sind auf verschiedenen Wegen kostenlos online verfügbar. Am Ende dieses Kapitels findet sich eine Aufzählung verschiedener Möglichkeiten, Patentdokumente zu finden und als Pdf-Datei herunterzuladen.

Jeder Erfinder hat das Recht, auf allen Patentanmeldungen und Patenten für seine Erfindung genannt zu werden. Somit können auch Patentschriften durch Angabe ihrer Veröffentlichungsnummer in Publikationsverzeichnisse aufgenommen werden. Mit jeder Patentanmeldung wächst folglich auch die Publikationsliste. Wird sogar ein Patent erteilt, bestätigt dies außerdem amtlich, dass es sich bei den beschriebenen Ergebnissen um etwas tatsächlich Neues und nichts Naheliegendes handelt, was nicht automatisch auf alle wissenschaftlichen Publikationen zutrifft.

- **Kenntnisse im Patentrecht als Vorteil in Wirtschaft und Beruf**

Auf die Möglichkeit, eine Selbständigkeit auf eigenen Patentanmeldungen aufzubauen, wurde bereits eingegangen. Aber auch Angestellten helfen zumindest Grundkenntnisse im Patentrecht für die eigene Karriere: Denn sicher ist akademische Forschung interessant und schön. Jedoch ist es unvermeidlich, dass die Mehrzahl der Wissenschaftler früher oder später aus der akademischen Forschung ausscheidet und in die Privatwirtschaft wechselt. Wie bereits kurz beschrieben wurde, spielen Patente gerade bei forschenden Unternehmen eine wichtige Rolle. So wird von jedem Mitarbeiter, der potenziell an Erfindungen beteiligt sein könnte, erwartet, Erfindungen zu erkennen und mit Patentfachkräften während des Anmelde- und Erteilungsverfahrens produktiv zusammenzuarbeiten. Auch wenn patentrechtliches Grundwissen üblicherweise keine Einstellungsvoraussetzung ist – es kann sich durchaus positiv auf eine Industriebewerbung auswirken: Nicht selten wird bei einer Bewerbung in der Industrie die Miterfinderschaft bei einer Patentanmeldung mindestens genauso hoch bewertet wie die Mitautorenschaft bei einer wissenschaftlichen Publikation.

Letztlich besteht natürlich noch die Option, vollständig in das Patentrecht einzutauchen und den Beruf des Patentreferenten beziehungsweise Patentanwaltes oder Patentrechercheurs zu ergreifen (▶ Abschn. 8.5). Vielen mag eine solche Karriere auf den ersten Blick vielleicht nicht als Traumjob erscheinen. Aber er ist anspruchsvoll, gut bezahlt und durchaus familienfreundlich – zumindest bei einem entgegenkommenden Arbeitgeber. Teilzeitarbeit ist in diesem Berufsfeld üblicherweise einfacher umzusetzen als bei Labortätigkeit. Da es für den Hauptteil der Aufgaben nicht mehr als einen Computer und eine Internetverbindung braucht, ist auch Heimarbeit möglich.

Warum sind Grundkenntnisse im Patentrecht hilfreich?

Um bestimmten Verpflichtungen nachzukommen:
- In vielen Ländern sind Wissenschaftler aufgrund nationaler Gesetze vertraglich verpflichtet, ihren Arbeitgebern patentierbare Erfindungen zu melden. Wird dies versäumt, gilt dies als Verstoß und der Arbeitnehmer muss gegenüber dem Arbeitgeber unter Umständen Schadensersatz leisten.

- Bei Industriekooperationen müssen die beteiligten Wissenschaftler dem Wirtschaftspartner in der Regel rechtzeitig patentfähige Erfindungen melden, damit dieser sie mit einer Patentanmeldung schützen lassen kann.
- Bei steuerfinanzierter Forschung besteht ebenfalls zunehmend die vertragliche Verpflichtung, patentfähige Erfindungen zum Patent anzumelden.
- Wer nicht weiß, was patentrechtlich geschützt werden kann und wie dabei vorzugehen ist, kann seinen vertraglichen Verpflichtungen unter Umständen nicht ausreichend nachkommen.

Zum eigenen Vorteil:
- In vielen Ländern erhalten Arbeitnehmererfinder eine entsprechende Vergütung.
- Bei Patentanmeldungen sind die Namen der Erfinder genannt. Sie können also ins Publikationsverzeichnis aufgenommen werden.
- Erteilte Patente belegen, dass die darin enthaltenen Forschungsergebnisse neu und nicht naheliegend sind.
- Grundkenntnisse im Patentrecht oder eine (Mit-)Erfinderschaft bei Patentanmeldungen können sich positiv auf eine Bewerbung und Karriere in der Industrie auswirken.
- Eigene Erfindungen können Grundstein für eine Selbständigkeit in Form einer Firmenneugründung sein.

1.2 Warum gibt es Patente?

Eine Beschäftigung mit dem Patentrecht ist also für jeden Forscher sinnvoll. Aber warum gibt es Patente überhaupt?

Ganz allgemein ist das Patentrecht aus dem Wunsch heraus entstanden, den technischen Fortschritt zu beschleunigen. Würde jeder Erfinder beziehungsweise sein Unternehmen versuchen, alle Innovationen aus Angst vor Nachahmern möglichst lange geheim zu halten, würden technische Neuerungen der Allgemeinheit vorenthalten werden – wenigstens für eine gewisse Zeit. Schlimmstenfalls müsste eine bestimmte Erfindung mehr als einmal gemacht werden: Das sprichwörtliche Rad müsste womöglich ständig neu erfunden werden. Ökonomisch ist das wenig sinnvoll. Nichtsdestotrotz sind innovative Unternehmen verständlicherweise nicht daran interessiert, die Allgemeinheit und somit auch die Konkurrenz an ihrem Wissen und ihren Erfindungen teilhaben zu lassen- zumindest nicht ohne Gegenleistung.

Hier schafft das Patentrecht einen Kompromiss: Der Erfinder reicht sein zu schützendes Wissen in Form einer Patentanmeldung bei einem Patentamt ein. Dieses veröffentlicht die Anmeldung üblicherweise 18 Monate später, um das Wissen allgemein zugänglich zu machen. Im Gegenzug bekommt der Anmelder – sofern bestimmte Voraussetzungen erfüllt sind (▶ Kap. 2, 3 und 4) – ein Patent erteilt. Es räumt seinem Besitzer für normalerweise 20 Jahre das Recht ein, Dritten zu verbieten, die patentierten Erfindung zu nutzen – quasi ein Monopol auf Zeit.

Die 18 Monate zwischen Einreichen der Anmeldung und deren Veröffentlichung verschaffen dem Patentinhaber einen zeitlichen Vorsprung gegenüber der Konkurrenz. Nach der Veröffentlichung steht das Wissen der Allgemeinheit als Grundlage für Weiter- oder Neuentwicklungen zu Verfügung.

Der gesetzliche Rahmen für diesen Kompromiss zwischen Gesellschaft und Erfindern beziehungsweise der Industrie hat in Europa seinen Ursprung in der industriellen Revolution in der zweiten Hälfte des 19. Jahrhunderts: In Deutschland eröffnete 1877 das Kaiserliche Patentamt in Berlin, der Vorläufer des Deutsche Patent- und Markenamtes (DPMA). Elf Jahre später, 1888, entstand das Eidgenössische Institut für Geistiges Eigentum (IGE) der Schweiz in Bern. Sein wahrscheinlich bekanntester Mitarbeiter war sicherlich Albert Einstein, der von 1902 bis 1909 dort arbeitete und selbst auch erfinderisch tätig war [5]. Das Österreichische Patentamt öffnete 1899 in Wien die Tore. Um jedoch mit dem technischen Fortschritt mithalten zu können, ist jedes Patentrecht kontinuierlichen Veränderungen unterworfen und nicht auf dem Stand des späten 19. Jahrhunderts stehen geblieben.

1.3   Patente und Branchen

Auch wenn es jeweils nur ein Patentrecht für alle Wirtschaftszweige gibt, so kommt dem Patentschutz in den verschiedenen Branchen ganz unterschiedliche Bedeutung zu. In sehr schnelllebigen Bereichen, etwa in der Telekommunikation, hat ein einzelnes Patent oft kaum Gewicht: Ein Smartphone besitzt so viele verschiedene Funktionen, die jeweils durch diverse Patente geschützt sind, dass kaum ein Hersteller solche Geräte dem aktuellen Standard entsprechend bauen kann, ohne auf die Rechte Dritter angewiesen zu sein. Deshalb haben Hersteller in solchen Industriezweigen ein starkes Interesse daran, untereinander Verträge abzuschließen, die wechselseitige Lizenzen für die benötigten Rechte vorsehen. Da es aber so viele relevante Erfindungen sind, werden häufig nicht mehr einzelne Patente auslizensiert, sondern gleich ganze „Pools". Die einzelne Patentanmeldung oder das einzelne Patent hat also nur einen geringen Wert und bildet mit gegebenenfalls sehr vielen anderen eine Art Verhandlungsmasse. Umso mehr Patente beziehungsweise Patentanmeldungen ein Unternehmen in einen Pool einbringen kann, desto stärker ist seine Verhandlungsposition. In solchen Industriezweigen zählt deshalb häufig weniger die Qualität der einzelnen Erfindung, sondern eher die Quantität.

In diesen schnelllebigen Feldern ist Patentschutz vor allem am Anfang der Laufzeit relevant: Die Entwicklung schreitet so schnell voran, dass Technologien bereits nach wenigen Jahren veraltet sind und der Patentinhaber seine Produkte mit neuerer Technologie ausstatten muss, die durch später eingereichte Patente geschützt ist. Der Wert eines solchen Patents nimmt also im Verlauf der Patentlaufzeit von maximal 20 Jahren ab.

Ganz anders sieht es zum Beispiel in der Pharmabranche aus. Ein Medikament enthält meistens nur einen oder sehr wenige Wirkstoffe, in deren Entwicklung jedoch in der Regel ein hoher mehrstelliger Millionenbetrag geflossen ist.

Üblicherweise ist ein Medikament mit einer überschaubaren Zahl an Patenten geschützt – etwa für die Substanz selbst, pharmazeutische Formulierungen, Herstellungsverfahren, Darreichungsformen, Dosierungen oder für ihre Verwendung zur Heilung bestimmter Krankheiten. Hier hat jedes einzelne Patent davon vergleichsweise große Bedeutung.

Anders als in der Kommunikationsindustrie wird Patentschutz zum Beispiel im Pharmabereich vor allem zum Ende der Patentlaufzeit immer wertvoller: Einerseits liegt das daran, dass neue Medikamente einen langen Entwicklungs- und Zulassungsprozess durchlaufen müssen. Während Erfinder in den meisten anderen Branchen ihre Erfindungen bei Interesse direkt kommerzialisieren können, geht das bei Medikamenten oder Diagnostika erst nach einem kosten- und zeitaufwendigen Zulassungsverfahren, das zwingend vorgeschrieben ist. Häufig gelangen neue Medikamente erst zehn oder mehr Jahre nach der Patentanmeldung auf den Markt. Bei einer Patentlaufzeit von 20 Jahren bleiben dann also nur noch weniger als zehn Jahre, bis der Schutz abläuft. Die durch das Zulassungsverfahren verlorene Zeit wird aber zumindest teilweise kompensiert. Hierfür sieht mehr oder weniger jedes Patentrecht die Möglichkeit vor, die Schutzdauer von zulassungspflichtigen Produkten durch sogenannte „ergänzende Schutzzertifikate" zu verlängern (▶ Abschn. 8.2.3).

Andererseits braucht ein neues Medikament nach der Zulassung einige Zeit, bis es sich auf dem Markt durchgesetzt hat. Die Verkaufszahlen steigen typischerweise im Laufe der Jahre und der meiste Umsatz wird häufig erst zum Ende der Patentlaufzeit erzielt. Darum streiten sich forschende Pharmafirmen und Generikahersteller vor Gericht durchaus um einzelne Tage Patentlaufzeit: Bei einem besonders erfolgreichen Medikament, zum Beispiel einem „Blockbuster" mit einem Jahresumsatz von mindestens einer Milliarde Dollar, kann der Umsatz eines Tages schnell einige Millionen Dollar ausmachen. Mit dem Markteintritt von Konkurrenzprodukten sinkt er dagegen meistens rasch. Hier zählt für den Patentinhaber also jeder zusätzliche Tag, den das Patent läuft.

1.4   Patente sind teuer. Aber wer zahlt?

Auch wer bisher keine oder nur eine vage Ahnung von Patentrecht hatte, vermutet sicherlich – und das vollkommen zu Recht –, dass für den Prozess bis zur Erteilung eines Patents Kosten anfallen. Diese Kosten sind je nach Umfang der Patentanmeldung und Zahl der Länder, in denen man die Erfindung schützen will, nicht unerheblich. Üblicherweise schreibt auch ein Patentanwalt die Anmeldung und dessen Gebühren liegen bei einigen Tausend Euro – abhängig davon, wie komplex die Erfindung und damit die Anmeldung ist. Dazu kommen gegebenenfalls Übersetzungsgebühren, Amtsgebühren wie Einreichungs-, Prüfungs- oder Jahresgebühren und bei jeder Handlung, für die ein Patentanwalt benötigt wird, wieder Anwaltsgebühren. Selbst eine Patentanmeldung, die nur in wenigen Ländern verfolgt wird, kann daher bis zur Erteilung einen mittleren bis hohen fünfstelligen Eurobetrag verschlingen. Die Frage, wer diese Kosten trägt, ist also keinesfalls abwegig.

Für den Einzelerfinder, also denjenigen, der vielleicht in der eigenen Garage oder Küche eine Erfindung gemacht hat und sie selbst patentieren möchte, ist dies schnell zu beantworten: Er zahlt als Anmelder alles selbst. Zwar lassen sich die anfallenden Kosten für die ersten 30 Monate vergleichsweise niedrig halten (▶ Abschn. 7.2.2). Danach wird es jedoch recht teuer, sodass der Erfinder bis dahin womöglich einen Partner gefunden haben möchte, der eine Lizenz für die Patentanmeldung nimmt oder aber die Anmeldung kauft und somit die anfallenden Kosten übernimmt.

Angestellte Wissenschaftler – was auf die Mehrzahl der Forscher zutrifft –, die ihre Erfindung im Rahmen ihrer Arbeit machen, haben es dagegen viel komfortabler: Zwar ist das Patentieren der eigenen Ergebnisse mit einem gewissen zeitlichen Extra-Aufwand verbunden. Doch es verursacht keinerlei Kosten für den Arbeitnehmererfinder, denn alle anfallenden Gebühren trägt der Arbeitgeber und die Hauptarbeit bei der Anmeldung und im Erteilungsverfahren liegt bei den zuständigen Patentabteilungen beziehungsweise den Technologietransferstellen. Vielmehr hat der Erfinder abhängig vom jeweils geltenden Recht häufig einen Anspruch auf angemessene Vergütung (▶ Kap. 5).

Mit nicht-angestellten Wissenschaftlern, zum Beispiel Stipendiaten, werden häufig Verträge geschlossen, die es ihnen ermöglichen, in Bezug auf ihre Erfindungen wie angestellte Wissenschaftler behandelt zu werden. Das heißt, die Forschungseinrichtung kommt für alle Kosten rund um die Patentierung auf und übernimmt später die Gebühren für die Aufrechterhaltung des Patents. Der Stipendiat profitiert dann ebenso wie sein angestellter Kollege von der für Arbeitnehmererfinder vorgesehenen Vergütung. Auf den ersten Blick könnte der Eindruck entstehen, dass der nicht-angestellte Erfinder hierdurch einen Nachteil erleidet, da er seine Rechte an der Erfindung an das Forschungsinstitut abgeben soll. Allerdings würde der Erfinder seine Erfindung selbst meistens nicht patentieren, da er dann alle Kosten und Risiken selbst tragen müsste. Das Angebot, als Arbeitnehmer behandelt zu werden, transferiert alle Risiken von ihm zur Forschungseinrichtung und beteiligt ihn im Erfolgsfall finanziell. Erfindungen eines Arbeitnehmererfinders können sich also finanziell für den Erfinder nur positiv auswirken, nicht aber negativ. Die meisten Erfinder bevorzugen dies.

Auch wenn der Erfinder die Kosten für die Patentierung normalerweise nicht selbst trägt: Die Details der Erfindung kennt niemand so gut wie er selbst. Deshalb spielen Erfinder eine wichtige Rolle dabei, die Erfindung zu beschreiben, Fragen der Patentmitarbeiter zu beantworten und den Entwurf für die Patentanmeldung gegenzulesen. Umso mehr die Erfinder selbst sich also im Patentrecht auskennen und wissen, worauf es ankommt, und die Hintergründe von Fragen kennen, desto effizienter kann der Informationstransfer erfolgen und desto weniger Zeit muss der Erfinder aufwenden. Schlussendlich haben die Mitarbeiter der Patentabteilungen häufig kaum oder keinen Kontakt mit den Kollegen aus den Forschungsabteilungen und kennen deren Forschungsergebnisse nicht. Deshalb müssen Forscher idealerweise selbst erkennen können, wann sie eine potenziell patentierbare Erfindung gemacht haben könnten und diese melden.

1.5   Welches Patentrecht behandelt dieses Buch?

Wer sich mit rechtlichen Fragen beschäftigen möchte, kommt nicht darum herum, Gesetzestexte zu lesen. Diese sind allerdings häufig recht spezifisch für ein Land. Welches Patentrecht soll also hier behandelt werden? Ein „Weltpatentrecht" gibt es leider noch nicht – auch wenn ein italienischer Schuhhersteller vor einigen Jahren den Eindruck vom Gegenteil erweckt haben könnte: Er hatte auf die Sohlen einiger seiner Schuhe „World P.C.T. Patent" drucken lassen. Man hätte also meinen können, irgendein „Weltpatent" schütze die Schuhe oder zumindest Teile davon.

■ **Internationales PCT-Verfahren**

So ein System wäre zwar wünschenswert, doch eine weltweite Übereinstimmung für ein global einheitliches Erteilungsverfahren und somit ein weltweit gültiges Patent gibt es (bisher) nicht. Das verwundert nicht unbedingt, denn selbst auf regionaler Ebene gibt es bisher nur wenige Zusammenschlüsse, die ein gemeinsames und für alle Mitgliedsstaaten gültiges Patent erteilen. Das „P.C.T." des oben erwähnten Schuhherstellers bezieht sich zwar wahrscheinlich auf den „Vertrag über die internationale Zusammenarbeit auf dem Gebiet des Patentwesens" (*Patent Cooperation Treaty*, PCT), was durchaus den Eindruck eines „Weltpatentrechts" erwecken mag. Zumindest in Bezug auf die Zahl der Mitgliedsstaaten ist der PCT schon recht nah an einem weltweiten Recht, denn es handelt sich um einen Zusammenschluss von aktuell 152 Vertragsstaaten (Stand März 2017). Etwa drei Viertel aller Länder der Erde sind also Mitglieder. Diese Staaten haben sich jedoch nur darauf geeinigt, ein gemeinsames und von allen Vertragsstaaten akzeptiertes Anmeldeverfahren für Patentanmeldungen zu schaffen. Im Rahmen des PCT-Verfahrens erfolgt keine verbindliche Prüfung darauf, ob die Anmeldung patentfähig ist und es werden also auch keine PCT-Patente erteilt. Was also nützt das PCT-Verfahren?

Ämter in verschiedenen Ländern haben generell sehr unterschiedliche Vorstellungen, welche formellen Vorgaben für Dokumente einzuhalten sind. Das betrifft beispielsweise Anforderungen zu Schriftart und -größe, Zeilenabstand und Seitenränder, aber auch die korrekte Angabe von so patentspezifischen Informationen wie Erfindernamen (Peter Meier; Meier, Peter; P. Meier; Meier, P.). Soll eine Erfindung in sehr vielen Ländern geschützt werden und muss in jedem Land eine den jeweiligen Normen entsprechende Patentanmeldung eingereicht werden, geht sehr viel Zeit allein für das Anpassen solcher Formalien verloren. Das ist wenig sinnvoll. Daher sind im PCT bestimmte Regeln für die Form einer Patentanmeldung vorgeschrieben. Sind diese erfüllt, wird die Patentanmeldung von allen Vertragsstaaten auf gesonderten Antrag formal akzeptiert. Die Prüfung der Patentfähigkeit erfolgt dann separat in jedem Land, in dem der Patentanmelder seine Erfindung geschützt haben möchte.

Das PCT-Verfahren vereinfacht aber nicht nur das Anmeldeverfahren. Es ist auch eine kostengünstige Möglichkeit, um den Zeitpunkt, zu dem Patentanmeldungen teuer werden, um meistens 18 Monate in die Zukunft zu verschieben. Das verschafft dem Patentinhaber mehr Zeit, um den wirtschaftlichen Wert seiner Erfindung besser einschätzen zu können und zu überlegen, ob sich die Investition in die Patentanmeldung lohnt, und kann gegebenenfalls Lizenznehmer finden oder die Anmeldung verkaufen.

So bietet das PCT-Verfahren für den Anmelder zwar Vorteile, weswegen ▶ Abschn. 7.2.2 auch hierauf ein geht. Als Grundlage für dieses Buch bietet es sich dagegen nicht an, weil keine PCT-Patente erteilt werden.

- ▪ **Regionale Patentverbünde und das EPÜ**

Neben dem PCT gibt es weitere zwischenstaatliche patentrechtliche Verbünde, zum Beispiel das bereits erwähnte europäischen Patentübereinkommen (EPÜ; *European Patent Convention*, EPC). Andere regionale Verbünde sind das eurasische Patentübereinkommen einiger Nachfolgestaaten der Sowjetunion (EAPÜ; *Eurasian Patent Convention*, EAPC), der Golf-Kooperationsrat einiger arabischer Staaten (*Gulf Cooperation Council*, GCC), die afrikanische überregionale Organisation für geistiges Eigentum der vorwiegend englischsprachigen Staaten (*African Regional Intellectual Property Organisation*, ARIPO) beziehungsweise der vorwiegend französischsprachigen Staaten (*Organisation Africaine de la Propriété Intellectuelle*, OAPI). Welche Wirkungen von ihnen erteilte Patente haben, ist dabei sehr unterschiedlich.

EP-Patente = „Bündelpatent"

Interessanterweise wird das vom Europäischen Patentamt (EPA) erteilte Patent
zwar als „nach dem Europäischen Patentübereinkommen erteiltes Patent", kurz
Europäisches Patent, oder noch kürzer **EP-Patent** (*European Patent* oder *EP-patent*)
bezeichnet. Es ist jedoch kein einheitliches Patent für alle Mitgliedsstaaten, sondern
ein sogenanntes **Bündelpatent** *(bundle patent)*. Das bedeutet, dass das EPA zwar
Patentanmeldungen entgegennimmt, diese auf ihre Patentfähigkeit prüft und dann
bei einem positiven Ergebnis ein EP-Patent erteilt. Dieses muss allerdings in den
einzelnen Mitgliedsstaaten zunächst validiert werden, um die gleiche Wirkung wie ein
entsprechendes nationales Patent in diesem Mitgliedsstaat zu haben. Zur **Validierung**
(validation) sind entsprechende Formulare einzureichen, meistens muss ein
nationaler Patentanwalt bestellt, Gebühren gezahlt und/oder Übersetzungen in die
jeweilige Landessprache eingereicht werden. Ohne Validierung in einem bestimmten
EPÜ-Mitgliedsstaat gibt es in diesem Land trotz EP-Patent keinen Schutz. Wird ein
EP-Patent in keinem Land validiert, hat das EP-Patent keine Schutzwirkung.

Das EPÜ ist ein sehr interessanter Zusammenschluss: Wer das „europäisch" im Namen hört,
denkt eventuell direkt an die Europäische Union (EU) und könnte vermuten, dass das EPÜ
eine EU-Angelegenheit sei. Dem ist jedoch nicht so. Vielmehr umfasst das EPÜ wesentlich mehr Länder als die EU Mitgliedsstaaten hat: neben allen EU-Ländern gehören auch
zum Beispiel die Schweiz, Norwegen und die Türkei dem EPÜ an. Der Austritt Großbritanniens aus der EU wird daher keine Auswirkungen auf die Mitgliedschaft im EPÜ haben.

Außerdem gibt es beim EPÜ neben den Mitgliedsstaaten zusätzlich die sogenannten „Erstreckungs-" und „Validierungsstaaten". **Erstreckungsstaaten** sind europäische
Länder, die zwar kein Mitglied des EPÜ sind, aber auf speziellen Antrag EP-Patente wie
eigene nationale Patente eintragen und behandeln. Albanien zum Beispiel oder Serbien
waren zunächst Erstreckungsstaaten, bevor sie Mitglieder geworden sind. Aktuell haben
nur noch Bosnien und Herzegowina und Montenegro den Status eines Erstreckungs-
staats. Seit 2010 schließt die Europäische Patentorganisation nur noch sogenannte Vali-
dierungsabkommen ab, die auch Ländern außerhalb Europas zugänglich sind. Solche
Staaten werden **Validierungsstaaten** genannt. Entsprechende Vereinbarungen mit der
Republik Moldau und Marokko sind bereits in Kraft getreten, mit Tunesien und Kambo-
dscha sind sie unterzeichnet.

Die EU versucht aktuell ein System zu etablieren, dass die Erteilung von „**Einheits-
patenten**" ermöglichen soll. Der Inhaber eines solchen Patents erhält mit der Erteilung
automatisch Schutz in allen Mitgliedsstaaten und zahlt auch nur noch an ein Amt Jahresgebühren, nämlich an das EPA. Die kostenaufwendige Validierung wie beim EP-Patent
entfällt also. Zurzeit steht allerdings noch nicht fest, wenn genau das Einheitspatentrecht in
Kraft treten wird. Da es sich dabei um eine EU-Institution handelt, verzögert der geplante
Austritt Großbritanniens aus der EU den Starttermin.

■ **Nationales Patentrecht**

Unabhängig von einer Mitgliedschaft in einem regionalen Patentverbund hat üblicherweise
jedes Land sein eigenes nationales Patentgesetz und ein nationales zuständiges Amt. Beispiele sind das Deutsche Patent- und Markenamt (DPMA), das Eidgenössische Institut für

Geistiges Eigentum (IGE) der Schweiz, das Österreichische Patentamt (ÖPA) oder das United States Patent and Trademark Office (USPTO). Bei den nationalen europäischen Patentämtern können meistens direkt Patentanmeldungen eingereicht und zur Erteilung gebracht werden oder es lässt sich über ein EP-Patent in diesen Ländern Patentschutz beantragen.

Da gerade in den Biowissenschaften und in der Chemie international ausgerichtete Patentstrategien wichtig sind und – wie bereits beschrieben – es kein weltweites Patent gibt, wird in diesem Buch als Referenz das EPÜ aufgeführt, das die jeweiligen nationalen europäischen Patentrechtssysteme zunehmend in den Hintergrund drängt.

Die Grundlagen des Patentrechts ähneln sich in den meisten Rechtssystemen jedoch, sodass das, was hier für das EPÜ beschrieben ist, recht problemfrei übertragen werden kann. Einzig das US-Patentrecht weist einige Besonderheiten auf. Hierauf wird an den entsprechenden Stellen speziell hingewiesen.

1.6　Hilfreiche Links

Wer sich die entsprechenden Gesetzestexte anschauen möchte oder weitere Informationen zum Thema Patentrecht sucht, wird auf den Internetseiten der verschiedenen Patentämter viele Informationen finden.

Das EPA etwa ist unter www.epo.org erreichbar. Unter dem Menüpunkt „Recht & Praxis" finden sich sämtliche Rechtstexte. Für den Leser dürfte wahrscheinlich das „Europäische Patentübereinkommen" mit seinen Artikeln und Regeln am relevantesten sein. Der Abschnitt „Der Weg zum Europäischen Patent" (über die EPO-Suchfunktion zu finden) erklärt anschaulich die verschiedenen Phasen, die eine europäische Patentanmeldung üblicherweise durchläuft. Über die Suchfunktion lässt sich auch das „Erfinderhandbuch" finden (nur auf Englisch verfügbar), dass alle wichtige Fragen des europäischen Patentrechts behandelt.

Viele Informationen sowie Gesetzestexte zum jeweiligen nationalen Patentgesetz finden sich auch auf den Internetseiten der verschiedenen nationalen Patentämter, erreichbar unter www.dpma.de (Deutschland), www.ige.ch (Schweiz) und www.patentamt.at (Österreich).

Wer mehr zum PCT-Verfahren erfahren möchte, findet unter www.wipo.int nicht nur die entsprechenden Gesetzestexte. Gerade für Einsteiger ist auch der Bereich „About IP" interessant (nicht auf Deutsch verfügbar).

Zum Anschauen und Herunterladen von Patentveröffentlichungen gibt es verschiedene kostenlose Möglichkeiten – zum Beispiel Google Patents (www.google.com/patents) oder die Datenbank espacenet (zugänglich über www.espacenet.com), die zwar vom EPA bereitgestellt wird, aber nicht auf EP-Dokumente beschränkt ist. Bei beiden ist die Suche nach Stichworten, aber auch nach den Anmelde- und Veröffentlichungsnummern von Patenten möglich.

Literatur

1. Max-Planck-Gesellschaft (2015) Jahresbericht
2. Fraunhofer-Gesellschaft (2015) Mensch im Mitte lpunkt. Jahresbericht

3. Czarnitzki D, Rammer C, Toole A (2013) University Spinoffs and the „Performance Premium", Discussion Paper No. 13-004, Zentrum für Europäische Wirtschaftsforschung GmbH
4. ETH Zürich Tabelle „Übersicht ETH-Spin-offs. https://www.ethz.ch/de/wirtschaft-gesellschaft/entrepreneurship/spin-offs/uebersicht-eth-spin-offs.html. Zugegriffen: 02. Jan. 2018
5. IGE „Albert Einstein und das IGE". https://www.ige.ch/de/ueber-uns/die-geschichte-des-instituts/einstein.html. Zugegriffen: 02. Jan. 2018

Wofür gibt es Patente?

Die Vierfaltigkeit der Patentierbarkeit

© Springer-Verlag GmbH Deutschland, ein Teil von Springer Nature 2018
S. Vorwerk, *Schritt für Schritt zum Patent*,
https://doi.org/10.1007/978-3-662-55966-6_2

Bevor darüber nachgedacht werden kann, was die eigene Erfindung sein könnte, sollte man zunächst die Grundlagen des Patentrechts kennen. Denn um die eigene Erfindung identifizieren zu können, muss man zunächst verstehen, wofür Patente überhaupt erteilt werden und welche praktische Bedeutung, aber auch Konsequenzen diese Anforderungen haben.

2.1   Was patentiert werden kann

Was genau kann ein Patent eigentlich schützen? Bei so grundlegenden Fragen bietet sich immer ein Blick in die entsprechenden Gesetzestexte an. Die sind zwar nicht immer ganz einfach zu verstehen, aber das sollte niemanden abhalten, selbst nachzulesen. Um etwa zu erfahren, welchen Anforderungen eine patentierbare Erfindung genügen muss, bietet sich ein Blick in den ersten Absatz von Art. 52 EPÜ an – passenderweise betitelt mit „Patentierbare Erfindungen". Dieser erste Absatz besagt, dass europäische Patente für Erfindungen erteilt werden, die

- aus allen Gebieten der Technik stammen,
- sofern sie neu sind,
- auf einer erfinderischen Tätigkeit beruhen und
- gewerblich anwendbar sind.

Also: *technisch, neu, erfinderisch* und *gewerblich anwendbar*. Aber was heißt das genau?

2.1.1   Was heißt „technisch"?

Eine Erfindung muss erstens aus einem Gebiet der Technik stammen – und somit auf irgendeine Art „technisch" sein. Interessanterweise definiert das EPÜ den Begriff der „Technizität" dabei nicht. Bei Erfindungen wie etwa mechanischen oder elektrischen Geräten ist offensichtlich, dass das Kriterium „technisch" erfüllt ist. Aber wie sieht es zum Beispiel mit chemischen Substanzen aus? Rein gefühlsmäßig verbindet man Chemikalien und pharmazeutische Wirkstoffe nicht unbedingt mit dem Begriff „technisch". Wenn sie aber nicht-technisch wären, könnte es keinen Patentschutz für sie geben. Wie kann also ein neuer chemischer Stoff technisch sein?

Eine Definition des Begriffs würde also durchaus helfen – doch das Gesetz will keine starre Abgrenzung von „technisch" zu „nicht-technisch": In solchen Fällen besteht die Gefahr, dass aufgrund technischen Fortschritts die einmal gezogenen Grenzen neue Technologiefelder, die die Gesellschaft grundsätzlich als „patentwürdig" betrachtet, unbeabsichtigt von der Patentierbarkeit ausschließen könnten. Starre Grenzen sind also wenig sinnvoll. Deswegen wird die Frage, was technisch ist, eher durch richterliche Einzelentscheidungen und sich daraus ableitenden Richtlinien bestimmt, die sich im Laufe der Zeit und mit dem technischen Fortschritt ändern können. Es gibt also für den Begriff der Technizität nicht die eine, einzig korrekte Definition.

Trotzdem braucht es natürlich einen Ansatzpunkt, um die Frage nach der Technizität zu beantworten. Eine gewisse Berühmtheit hierfür hat eine Entscheidung vom deutschen Bundesgerichtshof von 1969 erlangt: die „Rote Taube" [1]. Es handelt sich hierbei zwar um eine Entscheidung eines deutschen Gerichts, aber diese Definition beziehungsweise

Varianten davon haben auch in die Rechtsprechung des EPA Eingang gefunden. In diesem konkreten Fall ging es um ein Zuchtverfahren für Tauben mit rotem Gefieder und der Bundespatentgerichtshof kam zu folgender Definition von „technisch":

> Technisch ist eine Lehre zum planmäßigen Handeln unter Einsatz beherrschbarer Naturkräfte zur Erreichung eines kausal übersehbaren Erfolgs.

Der Begriff „Lehre" mag hier unerwartet sein, entspricht aber dem üblichen Sprachgebrauch im Patentwesen. Damit ein Anmelder ein Monopol in Form eines Patentes erhalten kann, muss eine Patentanmeldung eine technische Neuerung enthalten, von der die Allgemeinheit profitieren kann. Sie enthält also eine „Lehre" für neue Produkte und deren Verwendung oder für ein neuartiges Verfahren, das den allgemeinen Wissenstand erweitert.

Nach der „Rote-Taube"-Definition ist eine Lehre dann technisch, wenn sie eine Anleitung dafür gibt, wie durch Nutzung nicht näher bezeichneter Naturkräfte – also irgendwelcher – ein reproduzierbares Ergebnis erreicht werden kann. So definiert fällt es leicht, auch biowissenschaftliche oder chemische Erfindungen als „technisch" zu identifizieren: Bei einem neuen Medikament zum Beispiel können die beherrschbaren Naturkräfte die Fähigkeit des Wirkstoffes sein, an einen Rezeptor zu binden, und der kausal übersehbare Erfolg sind bestimmte Signalkaskaden, die eine Krankheit lindern oder sogar heilen. Damit werden also auch Erfindungen technisch, die nach allgemeinem Sprachgebrauch auf den ersten Blick nicht technisch zu sein scheinen.

So enthält das EPÜ zwar in der Tat keine Definition davon, was der Begriff „technisch" umfasst, aber Art. 52, Absatz 2 liefert zumindest eine Aufzählung dessen, was als *nicht-*technisch anzusehen ist. Hiernach ist Folgendes nicht-technisch und lässt sich deshalb auch nicht patentieren:

- Entdeckungen, wissenschaftliche Theorien und mathematische Methoden,
- ästhetische Formschöpfungen,
- Pläne, Regeln und Verfahren für gedankliche Tätigkeiten, für Spiele oder für geschäftliche Tätigkeiten sowie Programme für Datenverarbeitungsanlagen sowie
- die Wiedergabe von Informationen.

Wichtig hierbei ist, dass diese Aufzählung von nicht-patentierbaren Gegenständen nicht abschließend, sondern nur beispielhaft ist.

Es gibt also Ausnahmen von der Patentierbarkeit – aber was hat es damit auf sich?

▪ Entdeckungen

Menschen haben den Wunsch, die Welt zu verstehen und zu erklären. Es werden Entdeckungen gemacht, wissenschaftliche Theorien aufgestellt und diese mit wissenschaftlichen, teilweise mathematischen Methoden geprüft. Diese Aktivitäten als solche können nicht patentiert werden. Einerseits soll der wissenschaftliche Austausch dieses Wissens nicht durch Patente behindert werden, andererseits ist auch offensichtlich, dass sie nichts Technisches besitzen. Es werden zwar Naturkräfte identifiziert und verstanden, aber sie werden nicht angewandt, um ein bestimmtes Ergebnis zu erreichen – so aber fordert es die „Rote-Taube"-Entscheidung.

Wichtig ist in diesem Zusammenhang Art. 52, Absatz 3 des EPÜ: Alle Ausnahmen, die der zweite Absatz aufführt, gelten nur insoweit, als dass kein Patent für diese Erkenntnisse *als solche* erteilt werden kann. Was heißt nun das? Es bedeutet, dass zwar niemand ein Patent auf beispielsweise die allgemeine Entdeckung des Magnetismus bekommen kann. Aber eine technische Anwendung, die auf diesem physikalischen Phänomen beruht, etwa ein Kompass, ist durchaus patentierbar: Der Kompass ist quasi die Lehre zum planmäßigen Handeln, die unter Einsatz der beherrschbaren Naturkraft Magnetismus einen kausal übersehbaren Erfolg in Form von angezeigten Himmelsrichtungen liefert.

■ **Designs und durch das Urheberrecht geschützte Werke**

Der zweite Punkt in der Liste der Ausnahmen grenzt das technische Patentrecht vom Urheber- und Designrecht ab. Design- und Urheberrechte sind zwar ebenfalls Schutzrechte für geistiges Eigentum. Diese haben aber anders als beim Patent keinen technischen Charakter, sondern sprechen vielmehr das ästhetische Empfinden an.

Das *Designrecht* zum Beispiel schützt neue ästhetische Erscheinungsformen, etwa eine besondere Farb- und/oder Formgebung, deren Gesamteindruck im Vergleich zu anderen Gegenständen gleicher Art anders und charakteristisch ist. Mit einem eingetragenen Design werden zum Beispiel bestimmte Bauteile bei Autos geschützt, wenn mit ihnen kein technischer, sondern vielmehr ein ästhetischer Effekt erzielt wird. Anders als ein Patent kann ein eingetragenes Design sogar üblicherweise bis zu 25 Jahren Schutz vor Nachahmung bieten, sofern regelmäßig Gebühren zur Aufrechterhaltung des Designs gezahlt werden. Patente liefern fünf Jahre weniger Schutz, ebenfalls unter der Voraussetzung, dass die Jahresgebühren regelmäßig gezahlt werden.

Zum *Urheberrecht* gehören Werke der Kunst, zum Beispiel aus der Literatur, Malerei, Bildhauerei, Fotografie oder Musik, aber auch Computerprogramme, die objektiv betrachtet sprachliche Werke sind, geschrieben in einer Programmiersprache. Solchen Werken fehlt es an Technizität, weswegen sie vom Patentschutz ausgenommen sind. Einzig Computerprogramme können die Hürde der Technizität überspringen – wenn die Patentansprüche so formuliert werden, dass zum Beispiel technische Geräte Teil der beanspruchten Erfindung sind, etwa Computer oder von einem Programm gesteuerte Maschinen.

■ **Gedankliche Aktivitäten**

Als nächstes auf der Liste der nicht-patentfähigen Dinge geht es um rein gedankliche Aktivitäten. Interessanterweise sind gedankliche Aktivitäten auch dann nicht technisch, wenn ein Computer diese ausführt, weil theoretisch auch ein Mensch alle Schritte dazu durchführen könnte. Dabei ist irrelevant, ob ein Mensch – oder auch ganz viele Menschen – überhaupt in der Lage wäre, die unter Umständen sehr komplexen Überlegungen innerhalb eines sinnvollen Zeitraumes auszuführen. Sobald die zu patentierende Erfindung sich auf eine Abfolge von Einzelschritten reduzieren lässt, die ein Mensch mental ausführen könnte, fällt sie unter die Ausnahmen von Punkt 3 des zweiten Absatzes aus Art. 52 EPÜ.

Hier sind auch Spiele aufgeführt, zum Beispiel typische Karten- oder Brettspiele, deren Regeln Anweisungen für eine bestimmte Abfolge von Handlungen an einen Spieler darstellen. Auch hierfür gibt es keinen Schutz durch ein Patent. Ausnahmen werden jedoch bei Computerspielen gemacht: Wenn die zu patentierende Erfindung sich nicht auf ästhetische Eigenschaften – etwa die Ausgestaltung der Figuren und des Spielfeldes – oder die Spielregeln bezieht, sondern es darum geht, das Spiel technisch umzusetzen.

Diese Liste von nicht-patentfähigen Gegenständen findet sich in ähnlicher Form in den meisten nationalen Patentrechten. Eine interessante Ausnahme bilden die USA: Hier werden Patente auch auf Geschäftsmethoden *(business methods)* erteilt, die das EPA und auch die meisten anderen nationalen Patentämter als nicht patentierbar ansehen, weil sie nicht das Kriterium der Technizität erfüllen.

■ **Informationswiedergabe**

In Punkt d) von Art. 51, Absatz 2 EPÜ geht es um die reine Wiedergabe von Informationen, die ebenfalls nicht das Kriterium der Technizität erfüllt. Sobald diese Wiedergabe jedoch einen technischen Parameter enthält – zum Beispiel die Darstellung eines Signals auf einem Bildschirm – kann auch diese Wiedergabe patentierbar sein.

Festzuhalten ist, dass Patentanmeldungen aus den Biowissenschaften und der Chemie üblicherweise nicht von mangelnder Technizität betroffen sind. Sobald die formale Hürde der Technizität übersprungen wurde, kann offiziell von einer „Erfindung" gesprochen werden. Damit diese aber patentierbar ist, sind auch die übrigen Hürden der Neuheit, erfinderischen Tätigkeit und gewerblichen Anwendbarkeit zu überwinden.

2.1.2 Wann ist eine Erfindung neu?

Etwas muss neu sein, sonst kann es nicht patentiert werden – soweit so klar: Niemand sollte ein Monopol auf etwas Bekanntes bekommen, denn dann kopiert der Anmelder lediglich und bringt der Gesellschaft keinen technischen Fortschritt. Bekäme er für dieses Bekannte ein Monopol in Form eines Patentes und könnte er damit anderen verbieten, die Erfindung zu nutzen, würde der Allgemeinheit im Gegenteil sogar etwas weggenommen.

Neuheit lässt sich üblicherweise relativ problemfrei feststellen. Da die Patentansprüche den Patentschutz vorgeben (Art. 84 EPÜ), wird das Patentamt prüfen, ob es wirklich neu ist, was in den Patentansprüchen beschrieben ist. Die restliche Beschreibung der Erfindung, die den Großteil einer Patentanmeldung ausmacht und häufig viel mehr Aspekte und Alternativen beinhaltet als die Ansprüche selbst, bleibt hierbei unberücksichtigt. Patentansprüche heißen auf Englisch *patent claims*, was ihre Bedeutung für den Schutzumfang eines zu erteilenden Patentes anschaulich illustriert: So, wie ein Goldsucher seinen Claim absteckt, um andere davon abzuhalten, ebenfalls auf diesem Gebiet nach Gold zu schürfen, steckt ein *patent claim* den Bereich ab, für den der Inhaber eines Patents ein Monopol enthält und von dem er Nachahmer fernhalten kann.

Grundsätzlich fallen Patentansprüche in zwei Hauptklassen: die **unabhängigen Ansprüche** *(independent claims)* und die darauffolgenden **abhängigen Ansprüche** *(dependent claims)*. Unabhängige Ansprüche enthalten keinen Bezug zu anderen, vorhergegangenen Ansprüchen – sie sind also frei von Rückbezügen auf andere Patentansprüche. Der erste Anspruch ist immer unabhängig und hat einen breiteren Schutzumfang als die von ihm abhängigen Ansprüche. Abhängige Ansprüche dagegen beziehen sich immer auf einen oder mehrere vorherige Ansprüche und engen bereits vorhandene Merkmale aus den übergeordneten Ansprüchen ein. Abhängige Ansprüche verhindern eine ständige Wiederholung aller Merkmale der Erfindung, denn sie enthalten automatisch alle Merkmale der Ansprüche, auf die sie sich beziehen, ohne diese dafür wiederholen zu müssen:

Beispiel unabhängiger und abhängiger Anspruch

1. Eine pharmazeutische Zusammensetzung enthaltend Acetylsalicylsäure und einen Hilfsstoff.
2. Die pharmazeutische Zusammensetzung **nach Anspruch 1**, wobei der Hilfsstoff Cellulose ist.
3. Die pharmazeutische Zusammensetzung **nach Anspruch 1 oder 2**, wobei der Hilfsstoff mikrokristalline Cellulose ist.

Hier ist der erste Anspruch unabhängig, denn er enthält keinen Rückbezug auf einen anderen Anspruch. Der zweite Anspruch hängt vom ersten ab und der dritte Anspruch vom ersten und zweiten, erkennbar an dem Zusatz „nach Anspruch … ". Obwohl im zweiten Anspruch nicht mehr explizit erwähnt ist, dass die pharmazeutische Zusammensetzung Acetylsalicylsäure (ASS) enthält, den Wirkstoff von zum Beispiel Aspirin und anderen entsprechenden Schmerzmittelmarken, ist dieses Merkmal automatisch durch die Abhängigkeit vom ersten Anspruch gegeben. Der zweite Anspruch beansprucht also eine pharmazeutische Zusammensetzung mit Acetylsalicylsäure und dem Hilfsstoff Cellulose. Der dritte Anspruch ist ein sogenannter **mehrfach abhängiger Anspruch** (*multiple dependent claim*), da er sowohl von Anspruch 1 als auch von Anspruch 2 abhängt. Anspruch 3 beansprucht eine pharmazeutische Zusammensetzung mit Acetylsalicylsäure und mikrokristalliner Cellulose als Hilfsstoff.

Da Anspruch 1 alle pharmazeutischen Zusammensetzungen mit Acetylsalicylsäure und einem beliebigen Hilfsstoff umfasst, ist dies der breiteste Anspruch aus dem Beispiel. Die Ansprüche 2 und 3 spezifizieren den Hilfsstoff immer stärker und haben somit einen engeren Schutzumfang.

■ **Bestimmung der Neuheit**

Das Abhängigkeitsverhältnis von Ansprüchen untereinander vereinfacht nicht nur das Schreiben von Ansprüchen, weil nicht bei jedem Anspruch alle Merkmale aufgezählt werden müssen. Es wird auch leichter, Neuheit und erfinderische Tätigkeit zu bestimmen: Gilt ein unabhängiger Anspruch als neu, sind auch alle von ihm abhängigen Ansprüche neu, da die abhängigen Ansprüche nur enger und spezifischer sein können.

Um festzustellen, ob eine Erfindung neu ist oder nicht, werden alle Ansprüche der Reihe nach vom Patentamt geprüft. Angefangen wird beim ersten Anspruch. Zunächst werden alle technischen Merkmale der Erfindung identifiziert. Dazu gehören bei biowissenschaftlichen/chemischen Anmeldungen zum Beispiel chemische Formeln, die Art und Menge von Hilfsstoffen, Konzentrations- und pH-Bereiche oder die Anordnung von verschiedenen Teilen eines komplexen Moleküls zueinander. Nicht-technische Merkmale werden dagegen ignoriert, etwa Angaben zur Farbe verschiedener Bauteile.

Der Prüfer beim Patentamt beginnt dann, Dokumente zu dem spezifischen Gebiet der Erfindung zu recherchieren: Er bestimmt den **Stand der Technik** (*prior art*). Aber was gehört alles dazu? Darauf antwortet Art. 54(2) EPÜ:

Den Stand der Technik bildet alles, was vor dem Anmeldetag der europäischen Patentanmeldung der Öffentlichkeit durch schriftliche oder mündliche Beschreibung, durch Benutzung oder in sonstiger Weise zugänglich gemacht worden ist.

Jede Art von Information aus dem Gebiet der Erfindung ist relevanter Stand der Technik, sofern sie *vor* dem Anmeldetag der europäischen Patentanmeldung der Allgemeinheit zugänglich war. Wurde sie erst *am* oder *nach* dem Tag, an dem die Patentanmeldung beim Patentamt eingereicht wurde, öffentlich zugänglich, zählt sie nicht zum Stand der Technik. Selbst Dokumente, die nur einen Tag vor dem Anmeldetag veröffentlich wurden und bei denen es unwahrscheinlich ist, dass der Patentanmelder sie gekannt hat und ihr Wissen in die Patentanmeldung eingeflossen ist, zählen zum Stand der Technik und werden ebenso berücksichtigt wie Dokumente, die bereits mehrere Jahrzehnte (oder sogar Jahrhunderte) verfügbar waren. Dabei ist beim EPA und bei vielen anderen Patentämtern egal, ob die Offenbarung von einem Dritten oder vom Anmelder selbst stammt – in beiden Fällen ist sie neuheitsschädlich.

In den USA sieht die Situation etwas anders aus: Beim USPTO gibt es eine sogenannte Neuheitsschonfrist *(grace period)* von einem Jahr. Hiernach sind Veröffentlichungen vom Anmelder der Patentanmeldung selbst bis zu einem Jahr vor dem Einreichen einer US-Patentanmeldung *nicht* neuheitsschädlich. Ähnliche Regelungen gibt es auch in einigen wenigen anderen Ländern. In Japan zum Beispiel dauert die Neuheitsschonfrist sechs Monate. Beim EPA gibt es dagegen nichts Derartiges. Da Patentschutz aber üblicherweise nicht nur in den USA gewünscht ist, sondern zum Beispiel auch in Europa, empfiehlt es sich immer, zuerst ein Patent anzumelden und erst danach etwa eine wissenschaftliche Publikation zu veröffentlichen oder einen öffentlichen Vortrag zu halten. Nur so lässt sich vermeiden, dass eigene Veröffentlichungen die Neuheit einer Erfindung zerstören. Außerdem gilt die Neuheitsschonfrist üblicherweise nur für Veröffentlichungen durch den Patentanmelder selbst. So besteht auch das Risiko, dass ein Dritter, der diese Veröffentlichung gesehen hat, die Informationen weiterverbreitet, was die Neuheitsschonfrist nicht abdeckt. Um also auf der sicheren Seite zu sein: Immer erst die Patentanmeldung einreichen, dann publizieren!

Um zum Stand der Technik zu gehören, ist es unwesentlich, ob die Veröffentlichung schriftlich oder mündlich erfolgt ist. Selbst die Ausstellung eines Gegenstandes gehört zum Stand der Technik, sofern die Öffentlichkeit hierdurch die entscheidenden Merkmale erkennen konnte. Bei technischen Geräten zählen zum Beispiel Ausstellungen auf Messen zum Stand der Technik, sofern die relevanten technischen Merkmale für die Allgemeinheit zugänglich waren. Wenn aber von einem Gerät nur die äußere Fassade zu sehen, der Blick ins Innere aber verwehrt war, zählt die Technik des Innenlebens nicht zum Stand der Technik. Auch unbeabsichtigte „Ausstellungen" können übrigens zum Stand der Technik gehören, etwa wenn der Prototyp eines neuen Gerätes verloren ging und ein Dritter ihn gefunden hat.

Zum schriftlichen Stand der Technik gehören zum Beispiel Veröffentlichungen von Patentanmeldungen und Patenten, wissenschaftliche Publikationen, auf Konferenzen ausgestellte Poster, Produktkataloge, (Fach- und Lehr-)Bücher, Zeitungsartikel und Broschüren. Ebenfalls zum Stand der Technik gehören mündliche Offenbarungen wie Vorträge, aber auch private Gespräche.

⊗ Austausch vertraulicher Informationen – wie geht es?
Veröffentlichungen von Wissen sind nur dann öffentlich und somit Stand der Technik, wenn die Personen, die zu der Information Zugang hatten, keine

Vertraulichkeitserklärung *(non-disclosure agreement* = NDA oder *confidential disclosure agreement* = CDA) unterschrieben haben. Soll also eine bestimmte Gruppe von Personen – zum Beispiel Kooperationspartner – Zugang zu vertraulichen Informationen bekommen, ohne dass diese die Informationen weitergeben dürfen oder sie zum Stand der Technik gehören sollen, ist unbedingt eine Vertraulichkeitsvereinbarung zu unterschreiben!
Vorlagen für solche Vereinbarungen bieten die zuständigen Technologietransferzentren oder auch die Patentabteilungen in Firmen. Es ist sinnvoll und häufig auch zwingend vorgeschrieben, diese zu verwenden. Viele Forschungseinrichtungen und üblicherweise alle Firmen haben Vorgaben, wie bei solchen Vereinbarungen zu verfahren ist – zum Beispiel, wenn der Vertragspartner Abweichungen von der Vorlage wünscht.

Ein Prüfer bei einem Patentamt wird üblicherweise nur schriftliche Dokumente als Stand der Technik in seine Prüfung einbeziehen, denn mündliche Aussagen sowie Ausstellungen sind für ihn kaum auffindbar. Es wäre jedoch gefährlich zu glauben, dass mündliche Offenbarungen der Erfindung oder Ausstellungen vor dem Anmeldetag der Erfindung irrelevant sind, da sie vermeintlich niemand finden kann. Womöglich kann jemand – vielleicht ein Konkurrent? – glaubhaft machen, dass über die Erfindung bereits vor dem Anmeldetag geredet wurde. Vielleicht bringt er dies im Prüfungsverfahren oder eventuell später in einem Einspruchsverfahren vor. Und eventuell kann er es auch beweisen, zum Beispiel durch Zeugen. Dann kann auch nicht-schriftlicher Stand der Technik neuheitsschädlich sein und einer Patentierung im Weg stehen. Deshalb:

> ⊙ Vorsicht bei Diskussionen mit Kollegen oder sonstigen Dritten über die eigene Arbeit – was patentiert werden soll, darf vor dem Einreichen der Patentanmeldung anderen nicht ohne Vertraulichkeitserklärung mitgeteilt werden. Das bezieht sich auch auf den Austausch von Materialien, die patentiert werden sollen.

Nachdem der Prüfer den relevanten Stand der Technik identifiziert hat, werden im dritten Schritt zum Bestimmen der Neuheit die Merkmale der Erfindung mit denen im Stand der Technik offenbarten Merkmalen verglichen. Wichtig ist hierbei, dass wirklich *alle* Merkmale der Erfindung in einem *einzigen* Stand der Technik (also üblicherweise einem Dokument) vorkommen müssen, damit dieser neuheitsschädlich für die Erfindung ist. Falls es kein Dokument gibt, dass alle Merkmales des Anspruchs 1 enthält, so ist dieser neu. Da alle Ansprüche, die vom ersten Anspruch abhängen, diese Merkmale ebenfalls enthalten beziehungsweise sogar in spezifischerer und somit engerer Form, sind auch alle vom ersten Anspruch abhängigen Ansprüche neu. Gibt es zudem noch einen oder mehrere zusätzliche unabhängige Ansprüche, werden diese ebenfalls auf Neuheit geprüft.

Gibt es jedoch einen Stand der Technik, der bereits alle Merkmale des zu prüfenden Anspruchs offenbart, so ist dieser nicht neu. Der Prüfer wird dann alle weiteren Ansprüche auf Neuheit prüfen. Falls wenigstens ein Anspruch neu ist, weil seine Merkmalskombination so noch nicht bekannt war, wird im nächsten Schritt geprüft, ob dieser Anspruch auch erfinderisch ist.

Eine Zusammenfassung zur Neuheitsprüfung zeigt das Diagramm in ◻ Abb. 2.1.

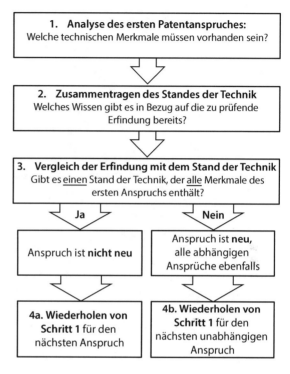

◘ Abb. 2.1 Flussdiagramm zur Bestimmung der Neuheit einer Erfindung

■ **„Ältere Rechte" als Stand der Technik**

Interessanterweise können auch noch nicht veröffentlichte Dokumente für eine EP-Anmeldung neuheitsschädlich sein. Hierfür spielen europäische Patentanmeldungen eine ganz besondere Rolle: Patentanmeldungen werden üblicherweise erst 18 Monate nach dem Anmeldetag veröffentlicht. So kann es vorkommen, dass sie zwar *vor* dem Anmeldetag einer zweiten europäischen Patentanmeldung eingereicht wurden, aber erst *danach* veröffentlicht werden. Eine solche früher eingereichte, aber zunächst unveröffentlichte europäische Patentanmeldung erfüllt ganz offensichtlich nicht das Kriterium, dass sie vor dem Anmeldetag der Öffentlichkeit zugänglich war. Also dürfte sie laut Art. 54(2) EPÜ eigentlich nicht zum Stand der Technik gehören. Das hätte jedoch unerwünschte Konsequenzen, weshalb es für sie eine Sonderregelung gibt. ◘ Abb. 2.2 veranschaulicht die zeitliche Abfolge dieses etwas komplexen Sachverhalts.

Diese vorher eingereichten, aber erst später veröffentlichten Dokumente gelten beim EPA als „Stand der Technik nach Art. 54(3) EPÜ" in Bezug auf die zweite europäische Patentanmeldung (nach dem entsprechenden Artikel des EPÜ) oder aber auch als „ältere Rechte". Wäre in ◘ Abb. 2.2 Patentanmeldung 1 von Anmelder 1 nicht neuheitsschädlicher Stand der Technik für Patentanmeldung 2 von Anmelder 2 und würden beide Anmeldungen die gleiche Erfindung beanspruchen, würden sowohl Anmelder 1 als auch Anmelder 2 ein Patent für die gleiche Erfindung erhalten – vorausgesetzt, alle anderen Anforderungen für die Patentierbarkeit sind erfüllt. Da ein Patent seinem Inhaber das Recht verleiht, anderen die Benutzung zu verbieten, könnte zunächst keiner der beiden Patentinhaber ohne die Zustimmung des anderen die patentierte Erfindung nutzen. Beide müssten sich einigen, wer die Erfindung wie kommerzialisieren darf.

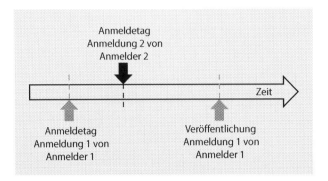

■ **Abb. 2.2**   Zeitstrahl zur Veranschaulichung von Art.-54(3)-Stand-der-Technik (Anmeldung 1) in Bezug auf eine später eingereichte Patentanmeldung (Anmeldung 2)

So eine Situation wäre für alle Beteiligten (vor allem für den Erstanmelder der Erfindung) höchst unpraktisch. Daher sind Art.54(3)-Stand-der-Technik-Dokumente in EP neuheitsschädlich, obwohl sie *nicht* vor dem Anmeldetag der Öffentlichkeit zugänglich waren.

Sie dürfen jedoch *nicht* für die Bestimmung der *erfinderischen Tätigkeit* verwendet werden, worauf in ▶ Abschn. 2.1.3 eingegangen wird, weil es bei Dokumenten zur Bestimmung der erfinderischen Tätigkeit nicht um die gleiche, sondern ähnliche Erfindungen geht.

Wichtig ist, dass als älteres Recht im Sinn des europäischen Patentübereinkommens nur europäische Patentanmeldungen zählen sowie PCT-Anmeldungen, wenn aus diesen eine europäische Patentanmeldung hervorgeht (zu PCT-Anmeldungen mehr in ▶ Abschn. 7.3.2). Eine US-Patentanmeldung beispielsweise kann also kein älteres Recht darstellen. Das ist logisch. Denn wäre Anmeldung 1 aus ■ Abb. 2.2 eine US-Anmeldung und Anmeldung 2 eine EP-Anmeldung, könnte für die US-Anmeldung ein US-Patent und für die EP-Anmeldung ein EP-Patent erteilt werden, ohne dass den Anmeldern in Bezug auf den ihnen zustehenden Patentschutz Nachteile entstünden. Da jedes Patent seine Schutzwirkung auf eine andere geografische Region erstreckt (USA beziehungsweise die EPÜ-Vertragsstaaten), kommt es zu keiner Überschneidung.

Darüber hinaus kann nur eine zum Zeitpunkt der Veröffentlichung der älteren Anmeldung noch anhängige (= „lebende") erste Anmeldung Art.-54(3)-Stand-der-Technik sein. Hat der Anmelder die Anmeldung zum Beispiel vor der Veröffentlichung zurückgezogen, aber die Vorbereitungen des EPA für die Veröffentlichung waren bereits so weit fortgeschritten, dass die Veröffentlichung nicht mehr zu verhindern war, so zählt diese Anmeldung nicht als älteres Recht. Es ist sinnvoll, von Art.-54(3)-Stand-der-Technik-Dokumenten zu verlangen, dass diese zumindest zur Zeit der Veröffentlichung noch anhängig sind, denn aus einer nicht mehr anhängigen Anmeldung kann kein Patent erteilt werden, sodass keine Gefahr besteht, dass zwei Patente für die gleiche Erfindung erteilt werden.

Konsequenterweise könnte man dann auch fordern, dass nur solche älteren Rechte neuheitsschädlich sein sollen, für die auch tatsächlich ein Patent erteilt wird. Eine frühere Anmeldung, die erst nach dem Anmeldetag einer zweiten Anmeldung veröffentlicht wird, könnte zum Beispiel im Laufe des Patenterteilungsverfahrens vom Anmelder aufgegeben werden, sodass nie ein EP-Patent erteilt wird. Dann würde es nicht schaden, wenn für die zweite Anmeldung die erste, ältere Anmeldung kein neuheitsschädlicher Stand der Technik wäre. Da sich ein Patenterteilungsverfahren jedoch über mehrere Jahre erstrecken kann – manchmal sogar über zehn und mehr Jahre –, ist es nicht praktikabel, so zu verfahren. Deshalb muss die Anhängigkeit des Art. 54(3)-Standes der Technik nur zum Zeitpunkt ihrer Veröffentlichung gegeben sein. Was danach mit ihr geschieht, ist nicht mehr relevant.

Wenn eine Erfindung nicht neu ist, ist sie automatisch auch nicht erfinderisch. Der Prüfer des Patentamtes wird darauf hinweisen, aber eventuell keine weiteren Argumente dazu liefern, warum keine erfinderische Tätigkeit gegeben ist. Ist die Erfindung aber neu, wird im nächsten Schritt geprüft, ob sie auch erfinderisch ist.

2.1.3 Wie wird bestimmt, ob etwas erfinderisch ist?

Nach allem, was bisher beschrieben wurde, sorgen bereits leichteste Abweichungen vom Stand der Technik für Neuheit. Ein zusätzliches technisches Merkmal zu einer Erfindung hinzugefügt – schon ist es eine neue Erfindung, selbst wenn dieses zusätzliche Merkmal trivial ist. Die Gesellschaft hingegen sieht in solchen minimalen Abänderungen von bereits Bekanntem meist keinen technischen Fortschritt. Der Fachmann geht üblicherweise genauso vor, um Probleme zu lösen. Allerdings verdient er dafür kein Monopol in Form von Patentschutz. Deswegen wird für die Erteilung eines Patentes nicht nur Neuheit gefordert. Vielmehr braucht es auch eine erfinderische Tätigkeit, um Minimalständerungen von Bekanntem von der Patentierbarkeit auszunehmen – und das ist wesentlich schwieriger zu klären.

Zwar haben die Patentämter Verfahren entwickelt, um diese Frage möglichst objektiv zu beantworten. Dennoch passiert es, dass verschiedene Personen zu unterschiedlichen Ergebnissen kommen. Naturgemäß sehen Anmelder und Prüfer eines Patents eine Erfindung mit anderen Augen – der Anmelder ist überzeugt, dass eine erfinderische Tätigkeit vorliegt, während der Prüfer diese Meinung häufig nicht teilen kann. Ein großes Problem hierbei ist, dass die erfinderische Tätigkeit rückblickend bewertet wird: Die Erfindung muss zunächst gemacht, die Patentanmeldung geschrieben und eingereicht werden und erst später wird sich der Prüfer im Patentamt mit der Frage nach der erfinderischen Tätigkeit auseinandersetzen. Aber im Nachhinein und mit dem Wissen aus der Patentanmeldung sowie dem in der Zwischenzeit angewachsenen Kenntnisstand erscheint vieles offensichtlich und naheliegend, was es zum Zeitpunkt der Erfindung womöglich nicht war.

US-Patent 3653474 – „rolling luggage"

Ein schönes Beispiel für eine auf den ersten Blick offensichtliche Erfindung ist ein Anfang der 1970er-Jahre eingereichtes Patent – für Koffer mit Rollen. Koffer waren zu dieser Zeit bereits lange bekannt und ebenso, dass diese mitunter schwer und daher mühsam zu tragen sind. Rollen kannte man auch und man wusste ebenfalls, dass Rollen es einfacher machen, Dinge zu transportieren. Trotzdem wurde 1972 das US-Patent 3653474 für „rolling luggage" erteilt, also rollendes Gepäck. Die Lösung, Rollen an Koffern anzubringen, erscheint rückwirkend trivial. Trotzdem kam vor Einreichen dieser Patentanmeldung niemand auf die Idee, Koffer und Rollen so zu kombinieren, dass der Transport leichter wird. Deshalb wurde eine erfinderische Tätigkeit anerkannt.

Die verschiedenen Patentämter gehen unterschiedlich vor, um die Frage der erfinderischen Tätigkeit zu beurteilen. Beim EPA gibt es hierfür den sogenannten „Aufgabe-Lösungs-Ansatz": In fünf Schritten wird versucht, eine möglichst objektive Antwort auf die Frage nach der erfinderischen Tätigkeit zu finden. Zunächst wird dabei bestimmt, welche Aufgabe oder auch Problem mit der Erfindung gelöst werden soll, und danach, wie naheliegend die in der Erfindung beschriebene Lösung für den Fachmann ist:

> **„Aufgabe-Lösungs-Ansatz"**
> - Bestimmen des nächstliegenden Standes der Technik *(closest prior art)*, der sich mit dem gleichen technischen Gebiet wie die zu prüfende Erfindung befasst und mit ihr am meisten technische Merkmale gemeinsam hat
> - Feststellen des Unterschiedes/der Unterschiede zwischen der zu prüfenden Erfindung und dem nächstliegenden Stand der Technik
> - Beantworten der Frage, welchen technischen Effekt dieser Unterschied/diese Unterschiede bewirkt/bewirken
> - Darauf basierend die mit der Erfindung zu lösenden technischen Aufgabe formulieren, wie zum Beispiel „Bereitstellung eines Medikaments mit längerer Verweildauer im Blutkreislauf"
> - Prüfen, ob der Fachmann, der dieses Problem lösen möchte, zum Anmeldetag im Stand der Technik eine Veranlassung findet, die ihn dazu bewegen würde, den nächstliegenden Stand der Technik so zu ändern, dass er zu der zu prüfenden Erfindung gelangt
>   - Ist die Antwort ja, liegt keine erfinderische Tätigkeit vor
>   - Falls die Antwort nein lautet, ist die Erfindung nicht naheliegend und eine erfinderische Tätigkeit liegt vor

Der letzte Punkt der Prüfung auf erfinderische Tätigkeit wird auch gerne *could-would-approach* genannt: Es reicht nicht, dass die Kombination zweier Dokumente aus dem Stand der Technik zur Erfindung geführt hätte. Vielmehr ist bei der Prüfung auch zu berücksichtigen, ob der Fachmann einen Grund gehabt hätte, eben diese Dokumente zu kombinieren. Bezogen auf das Beispiel mit den rollenden Koffern heißt das: Als das Patent für sie angemeldet wurde, waren Stand-der-Technik-Dokumente bekannt, die Rollen und Koffer beschreiben. Ganz offensichtlich hatte aber der Fachmann keine Veranlassung, beides zu kombinieren. Er hätte es können, hat es aber nicht gemacht.

Die zu lösende technische Aufgabe muss nicht unbedingt einen technischen Fortschritt darstellen. Auch Alternativen zu bereits bekannten Lösungen können erfinderisch und patentierbar sein, sofern diese Lösung aus dem Stand der Technik nicht naheliegend war. Allerdings ist die Hürde für die erfinderische Tätigkeit bei bloßen Alternativen häufig höher. Sind dem Fachmann für ein Merkmal bestimmte alternative Lösungen bekannt, ist die zufällige Auswahl einer davon nicht erfinderisch.

Wie schon beim Bestimmen der Neuheit werden nur die technischen Merkmale aus den Ansprüchen auf erfinderische Tätigkeit geprüft. Alles, was nur in der Beschreibung steht, sowie alle nicht-technischen Merkmale bleiben unberücksichtigt: Die Beschreibung dient hier nur dazu, die Bedeutung von Begriffen aus den Ansprüchen zu verstehen, falls es Unklarheiten bei deren Auslegung gibt.

Die erwähnten älteren Rechte oder Art.54(3)-Stand-der-Technik (◻ Abb. 2.2) darf jedoch nicht für die Bestimmung der erfinderischen Tätigkeit herangezogen werden (Art. 56 EPÜ). Während es sich bei einem neuheitsschädlichen Stand der Technik um die identische Erfindung handelt, ist ein Stand der Technik, der die erfinderische Tätigkeit vorweg nimmt, nur ähnlich, aber nicht identisch. Im Fall einer ähnlichen Erfindung besteht keine Gefahr, dass zwei Patente für die gleiche Erfindung erteilt werden. Deswegen ist es unnötig, für Art.54(3)-Stand-der-Technik-Dokumente auch in Bezug auf erfinderische Tätigkeit eine Ausnahme von dem Erfordernis der öffentlich zugänglichen Information zu machen. Hier gilt also ohne Ausnahme: Was nicht vor dem Anmeldetag öffentlich zugänglich war, darf nicht herangezogen werden, um die erfinderische Tätigkeit zu beurteilen.

> **Art.54(3)-Stand-der-Technik, sogenannte „ältere Rechte", dürfen nur dafür herangezogen werden, die Neuheit zu bestimmen, nicht aber dafür, die erfinderische Tätigkeit zu beurteilen.**

Anders als beim Bestimmen der Neuheit darf bei der erfinderischen Tätigkeit mehr als ein Dokument herangezogen werden – nämlich der nächstliegende Stand der Technik sowie ein weiteres Dokument, das das im nächstliegenden Stand der Technik fehlende Merkmal offenbart. Gibt es mehr als einen Unterschied zwischen der zu prüfenden Erfindung und dem nächstliegenden Stand der Technik, darf sogar für *jedes* Unterscheidungsmerkmal ein weiteres Dokument herangezogen werden, sofern die technischen Unterschiede unterschiedliche Probleme lösen. Gibt es mehr als einen Unterschied, lösen aber nur alle Unterschiede *zusammen* dasselbe Problem, darf zum nächstliegenden Stand der Technik nur *ein* weiterer Stand der Technik hinzugezogen werden, um zu der zu prüfenden Erfindung zu gelangen.

Dabei kann es passieren, dass der Prüfer bei seiner Recherche Dokumente findet, die der Anmelder beim Schreiben der Anmeldung nicht kannte. Auch der nächstliegende Stand der Technik kann nach der Recherche des EPAs ein ganz anderer sein als ursprünglich vom Anmelder angenommen (üblicherweise gibt eine europäische Patentanmeldung an, welches Problem die Erfindung löst). Es kann aber geschehen, dass die in der Anmeldung angegebene und die im Prüfungsverfahren identifizierte zu lösende Aufgabe nicht identisch sind. Das ist jedoch normal und problemfrei, solange diese neu definierte Aufgabe der ursprünglich formulierten nicht widerspricht und sie sich irgendwie in der Beschreibung wiederfinden lässt. Sie muss nicht explizit erwähnt sein – es reicht, dass sich die Lösung durch Praktizieren der Erfindung einstellt. Wichtig ist es allerdings, dass die Erfindung die Aufgabe auch wirklich löst.

Beim Aufgabe-Lösungs-Ansatz spielt der **Fachmann** (*person skilled in the art, skilled person, skilled artisan*) eine entscheidende Rolle. Interessanterweise ist dieser eine rein hypothetische Person, die sich zumindest nach der Definition des EPA durch absolute Durchschnittlichkeit auszeichnet. Sie arbeitet auf dem technischen Gebiet der Erfindung, hat durchschnittliche Kenntnisse und Fähigkeiten auf diesem Gebiet, ist auf dem dort allgemein üblichen Wissensstand und kann entsprechend klassische Arbeiten erledigen, wofür sie Zugang zu allen dafür gängigen Arbeitsmitteln hat.

Dem Fachmann wird aber auch ohne explizite Aufforderung aus dem Stand der Technik zugetraut, dass er die in seinem Bereich herkömmlichen Variationen an bereits Bekanntem vornehmen kann und dies auch tun wird. So ist für den Chemiker der Austausch eines

Methyl- durch einen Ethylrest absolut gängig, sodass dem in der Regel keine erfinderische Tätigkeit zugeschrieben wird. Anders sieht es aus, wenn der Stand der Technik eine solche Modifikation wohlmöglich als nachteilig ausweist und der Fachmann deshalb diese Änderung nicht vornehmen würde, sie aber wider Erwarten zum Erfolg führt.

Es ist verständlich, dass verschiedene Parteien unterschiedlicher Meinung darüber sind, was genau dieser hypothetische Fachmann *zum Zeitpunkt des Anmeldetages* – der unter Umständen schon vor vielen Jahren war – wusste und ob er tatsächlich zwei oder mehr Dokumente so kombiniert hätte, dass er zu der zu prüfenden Erfindung gelangt wäre. Dieser Rückblick erschwert die Bewertung zusätzlich. Während des Erteilungsverfahrens werden Anmelder und Prüfer also versuchen, Argumente für beziehungsweise gegen eine erfinderische Tätigkeit zu finden. Der Anmelder – oder sein Patentanwalt – muss den Prüfer mit starken Argumenten überzeugen, um ein Patent erteilt zu bekommen.

Wichtig ist aber, dass es für die Beurteilung einer erfinderischen Tätigkeit unwesentlich ist, wie die Erfinder zu ihrer Erfindung kamen: Langjährige Forschungs- und Entwicklungsarbeit kann genauso erfinderisch sein wie ein spontanes Aha-Erlebnis. Wie lange es gedauert hat, ist also unerheblich. Ebenso unwichtig ist, welche Ausbildung die Erfinder haben. Fachleute, aber auch absolute Laien können Erfindungen machen – keiner ist aufgrund des Ausbildungsstandes mehr (oder weniger) erfinderisch.

2.1.4 Was ist gewerblich anwendbar?

Das letzte Kriterium, das für eine Patentfähigkeit erfüllt sein muss, ist die gewerbliche Anwendbarkeit. Das liegt daran, dass der Inhaber eines Patents ein zeitlich befristetes Monopol erhält, das nur im gewerblichen Rahmen Nutzen bringt. Für eine Erfindung, die nicht gewerblich anwendbar ist, lohnt sich der Aufwand des Erteilungsverfahrens nicht.

Es ist allerdings irrelevant, ob ein Produkt auf dem Markt erfolgreich sein wird oder nicht oder ob der Erfinder überhaupt beabsichtig, die Erfindung zu vermarkten. Sobald es potenziell möglich ist, eine Erfindung gewerblich zu nutzen, ist das Kriterium erfüllt. In der Beschreibung der Patentanmeldung muss jedoch eine Anwendungsmöglichkeit oder ein Vorzug der Erfindung beschrieben sein. Besonders bei biotechnologischen Erfindungen darf es nicht der Allgemeinheit überlassen werden herauszufinden, für welchen Zweck sich zum Beispiel ein bestimmtes Gen oder Protein verwenden lässt.

Üblicherweise ist die gewerbliche Anwendbarkeit einer Erfindung kein Problem. Solange die Erfindung in irgendein gewerbliches Gebiet einschließlich der Landwirtschaft fällt, ist diese Voraussetzung bereits erfüllt (siehe Art. 57 EPÜ). Allerdings gibt es gerade bei biologischen beziehungsweise biotechnologischen Erfindungen einige Besonderheiten zu beachten (► Kap. 3).

2.2 Was sonst noch zu beachten ist

Grundsätzlich sollte das EPA ein Patent für eine Erfindung erteilen, sobald diese den Anforderungen an Technizität, Neuheit, erfinderische Tätigkeit und gewerbliche Anwendbarkeit entspricht – die Anforderungen des Art. 52 EPÜ sind als Patentierungsgebot zu verstehen. Leider gibt es aber, wie bereits kurz erwähnt, gerade im Bereich der Biotechnologie noch einige Ausnahmen (▶ Kap. 3).

Außerdem ist zu bedenken, dass sich die vier hier beschriebenen Erfordernisse für die Patentierbarkeit nur auf die Eigenschaften der Erfindung an sich beziehen. Zusätzlich bewertet das EPA auch, wie die Ansprüche formuliert sind, die den Schutzumfang der Erfindung definieren. Das EPA, aber auch die meisten anderen Patentämter, verlangt, dass die Ansprüche klar verständlich sind und dass die beanspruchte Erfindung so umfangreich beschrieben ist, dass der Fachmann sie auch ausführen/nachmachen kann. Ist eines dieser Kriterien nicht erfüllt, wird der Anmelder kein Patent erhalten, unabhängig davon, wie toll die Erfindung sein mag.

2.3 Hilfreiche Tipps

In diesem Kapitel wurde darauf hingewiesen, wie wichtig Geheimhaltungsvereinbarungen sind. Für alle Mitarbeiter an akademischen Forschungseinrichtungen gibt es zuständige Technologietransferzentren, die Vorlagen für solche Vertraulichkeitserklärungen bereitstellen und bei Fragen zur Verfügung stehen. Bei Angestellten in der Industrie sind die entsprechenden Rechts- und/oder Patentabteilungen die richtigen Ansprechpartner. Häufig gibt es auch die Verpflichtung, Vertraulichkeitserklärungen über diese Zentren beziehungsweise Abteilungen abwickeln zu lassen.

Firmengründer und Selbstständige finden hilfreiche Vorlagen über die üblichen Suchmaschinen im Internet. Auch die Handelskammern und Gründerzentren bieten auf ihren jeweiligen Internetseiten Vorlagen und häufig auch in ihren Geschäftsstellen eine persönliche Beratung.

Literatur

1. Bundesgerichtshof Beschl v. 27.03.1969, Az.: X ZB 15/67 „Rote Taube"

Biowissenschaftliche Erfindungen

Und ihre patentrechtlichen Eigenheiten

© Springer-Verlag GmbH Deutschland, ein Teil von Springer Nature 2018
S. Vorwerk, *Schritt für Schritt zum Patent*,
https://doi.org/10.1007/978-3-662-55966-6_3

Bis es in ▶ Kap. 4 endlich mit der praktischen Patentierung losgehen kann, geht es vorab noch einmal um zwei Besonderheiten der Patentierbarkeit speziell biowissenschaftlicher und medizinischer Erfindungen. Damit sollte jeder, der auf diesen Gebieten erfinderisch tätig sein möchte, vertraut sein.

3.1   Wofür gibt es kein Patent?

In ▶ Kap. 2 wurde bereits auf Artikel 51(2) EPÜ und die darin aufgeführten Ausnahmen von der Patentierbarkeit eingegangen. Diese hatten gemein, das Kriterium der Technizität nicht zu erfüllen. Artikel 53 EPÜ erwähnt jedoch noch weitere Ausnahmen von der Patentierbarkeit:

Artikel 53 EPÜ – Ausnahmen von der Patentierbarkeit
Europäische Patente werden nicht erteilt für:
a) Erfindungen, deren gewerbliche Verwertung gegen die öffentliche Ordnung oder die guten Sitten verstoßen würde; ein solcher Verstoß kann nicht allein daraus hergeleitet werden, dass die Verwertung in allen oder einigen Vertragsstaaten durch Gesetz oder Verwaltungsvorschrift verboten ist;
b) Pflanzensorten oder Tierrassen sowie im Wesentlichen biologische Verfahren zur Züchtung von Pflanzen oder Tieren. Dies gilt nicht für mikrobiologische Verfahren und die mithilfe dieser Verfahren gewonnener Erzeugnisse;
c) Verfahren zur chirurgischen oder therapeutischen Behandlung des menschlichen oder tierischen Körpers und Diagnostizierverfahren, die am menschlichen oder tierischen Körper vorgenommen werden. Dies gilt nicht für Erzeugnisse, insbesondere Stoffe oder Stoffgemische, zur Anwendung in einem dieser Verfahren.

Auf die Überlegungen hinter diesen drei Ausnahmen gehen die folgenden Abschnitte näher ein. Wichtig ist jedoch, dass ein Patentierungsverbot nicht meint, dass auch die Herstellung verboten ist. Selbst wenn für eine bestimmte Erfindung kein Patent erteilt werden kann und so niemand das Recht hat, andere von der Nutzung abzuhalten, heißt das nicht, dass es generell verboten wäre, die Erfindung zu nutzen – sofern nicht andere Gesetze eine Nutzung verbieten.

3.1.1   Gegen die öffentliche Ordnung und guten Sitten

Erfindungen, die sich gegen die öffentliche Ordnung und guten Sitten richten, sind von der Patentierbarkeit nach Art. 53a) EPÜ ausgenommen: Einerseits sollen sich das Patentamt und dessen Mitarbeiter nicht mit anstößigen Erfindungen beschäftigen. Andererseits soll die Allgemeinheit niemanden mit einem Monopol zur gewerblichen Verwertung einer Erfindung belohnen, die den herrschenden Moralvorstellungen und den allgemeinen Gesetzen für das Zusammenleben widersprechen.

Was unter „guten Sitten" zu verstehen ist, wandelt sich allerdings ständig und unterliegt auch geografischen Unterschieden. Ein Verhalten, das vor 50 Jahren noch in vielen

Ländern als moralisch verwerflich angesehen wurde, mag heute in einigen Regionen gesellschaftlich akzeptiert sein, aber vielleicht immer noch nicht in allen.

Wenn es darum geht festzulegen, was gegen die öffentliche Ordnung und die guten Sitten verstößt, geht es also weniger um das Empfinden bestimmter Personengruppen. Den Bewertungsmaßstab setzen vielmehr übergeordnete Rechte, zum Beispiel die EU-Menschenrechtscharta. Grundsätzlich können beispielsweise Waffen patentiert werden, auch wenn zumindest ein Teil der Bevölkerung sie als moralisch verwerflich ansieht. Nicht patentierbar sind dagegen atomare, biologische oder chemische Kampfmittel oder Landminen, deren Einsatz gegen völkerrechtliche Bestimmungen verstößt. Diese Ausnahme von der Patentierbarkeit soll nicht nur tief greifende Schädigungen von Menschen verhindern, sondern auch von Tieren, Pflanzen und der Umwelt.

Die Ausnahme von der Patentierbarkeit nach Art. 53a) EPÜ trifft aber auch besonders auf Erfindungen aus den Biowissenschaften zu. Diese sind häufig kostenintensiv und Patentschutz ist besonders wichtig. Allerdings unterliegen diese Erfindungen regelmäßig besonderen ethischen und moralischen Abwägungen. Für mehr Klarheit bezüglich der Patentierbarkeit von Erfindungen in diesen Bereichen hat die EU die Richtlinie Nr. 98/44/EG erlassen, besser bekannt als „Biotechnologierichtlinie" (► Abschn. 3.2).

3.1.2 Pflanzen- und Tierrassen

Artikel 53b) EPÜ schließt Pflanzen- und Tierrassen von der Patentierbarkeit aus.

Zumindest bei Pflanzen gleicht das eigenständige Sortenschutzrecht dies jedoch aus. Dieses Recht bietet Züchtern die Möglichkeit, für ihre Pflanzenzüchtungen Schutz zu erlangen und beschränkt dass anderweitig Vermehrungsmaterial erzeugt und in Verkehr gebracht wird, etwa Pflanzen, Pflanzenteile oder Saatgut. Innerhalb eines landwirtschaftlichen Betriebes ist es jedoch erlaubt, geschütztes Material zu nutzen und zum eigenen Verbrauch zu vermehren.

Als Sorte im Sinne des Sortenschutzes gelten laut EPA eine „Vielzahl von Pflanzen, die in ihren Merkmalen weitgehend gleich sind und nach jeder Vermehrung oder jedem Vermehrungszyklus innerhalb bestimmter Toleranzgrenzen gleich bleiben" [1]. In diesem Zusammenhang ist es irrelevant, ob die Sorte durch konventionelle Züchtung oder mittels Gentechnik entstanden ist.

Für Tierrassen gibt es indes kein entsprechendes Äquivalent.

Die Ausnahme von Pflanzen- und Tierrassen von der Patentierbarkeit bedeutet jedoch nicht, dass es grundsätzlich keine Patente auf Pflanzen und Tiere geben kann (► Abschn. 3.2.1).

3.1.3 Heilverfahren

In Artikel 56c) EPÜ schließlich geht es darum, dass Ärzte die Freiheit haben, jedes für eine Heilung oder zumindest Linderung menschlicher oder tierischer Leiden notwendige Verfahren an einem (menschlichen oder tierischen) Patienten einsetzen zu können. Daher sind chirurgische, therapeutische und diagnostische Verfahren von der Patentierbarkeit ausgenommen. Obwohl die meisten nationalen Patentrechtssysteme solche Ausnahmen vorsehen, gilt dieses Verbot nicht immer auch für die Behandlung von Tieren, sondern es kann auf den Menschen beschränkt sein.

Interessant ist, was sich hinter einem „chirurgischen Verfahren" verbirgt. Ursprünglich hat das EPA alle Verfahren als „chirurgisch" bezeichnet, bei denen Zellen oder Gewebe des Patienten zerstört wurden [2]. Dann wurde die Definition dahin geändert, dass jeder physische Eingriff am Körper eines Patienten als „chirurgisch" angesehen wurde [3]. Beide Definitionen sind jedoch nicht mehr zeitgemäß, denn etliche physische Eingriffe – zum Beispiel Piercings, Tätowierungen oder das Aufspritzen von Falten mit Hyaluronsäure – werden inzwischen kommerziell und von Personen angewendet, die keine ärztliche Ausbildung haben. Diesen Dienstleistern möchte die Allgemeinheit aber in der Regel nicht den besonderen Schutz zugestehen, der für ärztliche Tätigkeiten vorgesehen ist. Die Definition war also anzupassen.

Zwar gibt es bislang nicht *die* finale Definition, aber ein chirurgisches Verfahren wird inzwischen so ausgelegt, dass es sich auf Vorgänge beschränkt, für die die besondere Ausbildung eines Arztes notwendig ist – die also über einen minimalen Eingriff hinausgehen und mit einem gewissen Gesundheitsrisiko für den Patienten verbunden sind [4].

Bei therapeutischen Verfahren handelt es sich um alles, was mindestens einen Schritt enthält, der therapeutisch oder prophylaktisch ist. Allein, wenn dadurch Symptome einer Krankheit zurückgehen, zählt ein Verfahren als therapeutisch, nicht erst, wenn ein Patient vollständig geheilt ist. Nicht unter die therapeutischen Verfahren fallen allerdings rein kosmetische Behandlungen. Anders sieht es aus bei übergreifenden Verfahren: Sobald eine Behandlung patentierbare kosmetische *und* nicht-patentierbare prophylaktische oder therapeutische Elemente enthält, ist sie von der Patentierbarkeit ausgenommen. Beispiel: das Entfernen von Zahnstein. Dies ist prophylaktisch sinnvoll, aber aufgrund des schöneren Zahnbildes auch von kosmetischer Natur.

Ein diagnostisches Verfahren kann vereinfacht wie folgt verstanden werden: Zunächst werden von einem menschlichen oder tierischen Patienten Daten gesammelt und diese mit den entsprechenden Werten von Gesunden verglichen. Werden gegebenenfalls Abweichungen festgestellt, werden diese einem bestimmten Krankheitsbild zugeordnet. Hierbei ist es unwesentlich, wer dies macht – einen Human- oder Veterinärmediziner braucht es dafür jedenfalls nicht unbedingt (Richtlinien für die Prüfung, Teil G-II, Abschn. 4.2.1.3; mehr zu den Richtlinien in ▶ Abschn. 3.4).

Das soll aber nicht bedeuten, dass es keine Patente für Erfindungen in der Diagnostik gibt. Liefert ein Verfahren beispielsweise lediglich Messergebnisse über bestimmte Zustände im Körper im Patienten, kann es durchaus patentfähig sein, denn hier fehlen noch der Vergleich dieser Daten mit den Werten von gesunden Menschen und die Zuordnung zu einem Krankheitsbild, um als diagnostisches Verfahren angesehen zu werden. Außerdem lassen sich die in einem diagnostischen Verfahren angewandten Geräte oder Verbrauchsmaterialien ebenfalls patentieren, zum Beispiel Blutzucker-Teststreifen.

Ganz wichtig: Chirurgische, therapeutische und diagnostische Verfahren sind zwar von der Patentierbarkeit ausgenommen. Aber dieses Patentierungsverbot gilt nicht für die Verwendung von wie auch immer gearteten Erzeugnissen in diesen chirurgischen, therapeutischen und diagnostischen Verfahren. Anders ausgedrückt: Diese wie auch immer gearteten Erzeugnisse können zur Verwendung in chirurgischen, therapeutischen und diagnostischen Verfahren patentierbar sein (▶ Abschn. 3.3).

3.2 Die Biotechnologierichtlinie

Die Biotechnologierichtlinie der EU versucht festzulegen, was innerhalb der Biotechnologie patentiert werden kann und was aus ethischen Gründen davon ausgeschlossen werden soll, um Art. 53a) EPÜ zu entsprechen. Diese Richtlinie fand nicht nur Eingang in die nationalen Patentrechte der EU-Mitgliedsstaaten, sondern auch in das EPÜ. Die Regeln 26 bis 29 EPÜ legen die Details hierzu fest.

> **Was unterscheidet Artikel und Regeln im EPÜ?**
> Bisher war immer nur von den Artikeln des EPÜ die Rede. Das EPÜ regelt in den Artikeln 1 bis 178 alles Grundlegende zur Organisation des EPAs, zu den Anforderungen an die Patentierbarkeit und zu den diversen Verfahren vor dem Europäischen Patentamt – die Details zur jeweiligen Umsetzung finden sich jedoch in den Regeln 1 bis 165 der dazugehörigen Ausführungsordnung. Ein Beispiel: Artikel 84 EPÜ besagt, dass der Schutzumfang eines Patents von den Ansprüchen festgelegt wird. Wer nun wissen möchte, wie ein Patentanspruch und die Gesamtheit aller Patentansprüche – auch Anspruchssatz genannt – aufgebaut sein soll, findet dies in Regel 43 EPÜ.
> Daneben gibt es noch viele weitere Regelwerke. Diese sind jedoch so speziell, dass sie den Rahmen dieses Buches sprengen würden. Für den Patentanmelder interessant ist allerdings die Gebührenordnung, die einen Überblick über die rund um Patente anfallenden Gebühren liefert. Der motivierte Einsteiger, der sich intensiver mit dem EPÜ oder auch nur einigen bestimmten Themen beschäftigen möchte, findet außerdem in den „Richtlinien für die Prüfung" eine Fülle an Informationen. Hierbei handelt es sich um eine Art Handbuch für die Prüfer des EPA, das eine umfangreiche Sammlung an Wissen für alle praktischen Aspekte des Patenterteilungsverfahrens bietet.

Regel 26(2) bis (6) EPÜ liefert zunächst einige hilfreiche Definitionen, die helfen, die weiteren Regeln zu verstehen:

Wichtige Definitionen

(2) „Biotechnologische Erfindungen" sind Erfindungen, die ein Erzeugnis, das aus biologischem Material besteht oder dieses enthält, oder ein Verfahren, mit dem biologisches Material hergestellt, bearbeitet oder verwendet wird, zum Gegenstand haben.

(3) „Biologisches Material" ist jedes Material, das genetische Informationen enthält und sich selbst reproduzieren oder in einem biologischen System reproduziert werden kann.

(4) „Pflanzensorte" ist jede pflanzliche Gesamtheit innerhalb eines einzigen botanischen Taxons der untersten bekannten Rangstufe, die unabhängig davon, ob die Bedingungen für die Erteilung des Sortenschutzes vollständig erfüllt sind,

a) durch die sich aus einem bestimmten Genotyp oder einer bestimmten Kombination von Genotypen ergebende Ausprägung der Merkmale definiert,

b) zumindest durch die Ausprägung eines der erwähnten Merkmale von jeder anderen pflanzlichen Gesamtheit unterschieden und

c) in Anbetracht ihrer Eignung, unverändert vermehrt zu werden, als Einheit angesehen werden kann.

> (5) Ein Verfahren zur Züchtung von Pflanzen oder Tieren ist im Wesentlichen biologisch, wenn es vollständig auf natürlichen Phänomenen wie Kreuzung oder Selektion beruht.
> (6) „Mikrobiologisches Verfahren" ist jedes Verfahren, bei dem mikrobiologisches Material verwendet, ein Eingriff in mikrobiologisches Material durchgeführt oder mikrobiologisches Material hervorgebracht wird.

Die Biopatentrichtlinie behandelt „biotechnologische Erfindungen", wobei es sich aufgrund der Definition der Regel 26 EPÜ um Erfindungen handelt, die in irgendeiner Weise mit biologischem Material zu tun haben. Biologisches Material muss die Voraussetzung erfüllen, sich selbst reproduzieren zu können (es muss sich also um pro- und eukaryotische Zellen oder ganze Organismen handeln) oder in einem biologischen System reproduzierbar zu sein (wie zum Beispiel Viren oder Phagen, die zur Vermehrung bestimmte Wirtszellen benötigen). Die bloße Anwesenheit von genetischem Material ist nicht ausreichend, um als biotechnologische Erfindung zu gelten. Somit fallen zum Beispiel Erfindungen rund um die Lederproduktion nicht unter die Biotechnologierichtlinie, da hier zwar noch genetische Information in den Zellen der Tierhaut vorhanden ist, aber dieses Material kann sich nicht mehr selbst reproduzieren.

Interessant ist auch, dass nach der Definition des Begriffs Pflanzensorte zum Beispiel Hybridsamen beziehungsweise Hybridpflanzen keine Pflanzensorten sind, da sie ihre Merkmale nicht unverändert an die nächste Generation weitergeben, sondern ihre Merkmale in der nächsten Generation üblicherweise entsprechend der mendelschen Gesetze aufspalten.

3.2.1 Patentierbare Biotech-Erfindungen

In Regel 27 EPÜ geht es darum, welche Erfindungen aus dem Bereich der Biotechnologie patentiert werden können:

a) biologisches Material, das mithilfe eines technischen Verfahrens aus seiner natürlichen Umgebung isoliert oder hergestellt wird, auch wenn es in der Natur schon vorhanden war;
b) unbeschadet der Regel 28 Absatz 2 Pflanzen oder Tiere, wenn die Ausführung der Erfindung technisch nicht auf eine bestimmte Pflanzensorte oder Tierrasse beschränkt ist;
c) ein mikrobiologisches oder sonstiges technisches Verfahren oder ein durch diese Verfahren gewonnenes Erzeugnis, sofern es sich dabei nicht um eine Pflanzensorte oder Tierrasse handelt.

Punkt a) soll allgemein die Patentierbarkeit von isoliertem natürlichem Material gewährleisten. Wichtig ist der Zusatz „isoliert". Er ist nötig, um die Technizität einer Erfindung zu gewährleisten, denn zur Isolierung dieses Materials werden üblicherweise technische Mittel benötigt. Unter Punkt a) fallen somit zum Beispiel aus Erdproben isolierte Mikroorganismen oder aus einer tierischen oder menschlichen Gewerbeprobe isolierte DNA, RNA, Proteine und kleine Moleküle.

Es ist nicht unbedingt selbstverständlich, dass solche Erfindungen patentierbar sind. Schließlich existieren diese Mikroorganismen und Substanzen bereits in der Natur.

Deshalb könnte man sie auch lediglich als nicht patentfähige Entdeckungen an sehen, nicht aber unbedingt als patentierbare Erfindung.

> Hierin unterscheidet sich das EPÜ sehr vom neueren US-Patentrecht. Letzteres nimmt alle natürlicherweise vorkommenden Moleküle von der Patentierbarkeit aus, inklusive Gen- oder Proteinsequenzen, die bereits in der Natur zu finden sind.

Wichtig für die Patentfähigkeit von Erfindungen, die isoliertes natürliches Material schützen sollen, ist jedoch immer eine Angabe, wofür dieses Material verwendet werden kann. Ohne einen solchen Zweck wird die Prüfung der Erfindung eine fehlende industrielle Anwendbarkeit ergeben und die Erfindung wäre daher nicht patentierbar. Dies soll verhindern, dass zum Beispiel ganze Genome oder Proteome patentiert werden, ohne dass für die einzelnen Gene oder Proteine zumindest eine Anwendung bekannt ist.

Für Pflanzen und Tiere versucht Punkt b) eine Trennlinie zwischen Patentschutz und – zumindest bei Pflanzen – Sortenschutz zu ziehen. Eine neue Pflanzensorte (siehe Definition aus Regel 26 EPÜ) schützt nur der Sortenschutz. Doch was, wenn ein Erfinder herausfindet, dass etwa die Überexpression eines bestimmten Gens in verschiedenen Pflanzenarten dazu führt, dass diese Pflanzen resistenter gegen Trockenstress sind? Dann kann ein Patent diese auf mehrere Pflanzenarten anwendbare Erfindung schützen, weil dies keine einzelne Pflanzensorte schützt, sondern ein auf mehrere Arten anwendbares Verfahren beziehungsweise anwendbare Technologie. Patentierbar ist nach Regel 27 b) EPÜ somit zwar nicht eine einzelne Pflanzensorte oder Tierrasse. Aber ein pflanzensorten-beziehungsweise tierrassenübergreifendes erfinderisches Konzept kann durchaus patentierbar sein. Zusätzlich lässt sich eine bestimmte Pflanzensorte, die dieses Gen überexprimiert und ein bestimmtes Maß an Resistenz gegen Trockenstress reproduzierbar an ihre Nachfahren vererbt, zusätzlich noch über den Sortenschutz schützen. Wie bereits oben erklärt, ist es dafür unerheblich, ob die zu schützende Sorte durch traditionelle Züchtung oder gentechnische Verfahren entstand.

Punkt c) der Regel 27 EPÜ deckt beispielsweise Verfahren zur Herstellung von Enzymen oder pharmazeutisch wirksamen Proteinen mithilfe von pro- und eukaryotischen Zellkulturen ab sowie Enzyme und Proteine, die auf diesem Weg hergestellt werden. Der ausdrückliche Hinweis, dass durch mikrobiologische oder technische Verfahren gewonnene Pflanzensorten und Tierrassen von Regel 27c) EPÜ ausgenommen sind, soll sicherstellen, dass es keinen Widerspruch zu Art. 53b) EPÜ gibt. Denn hiernach sind Pflanzensorten und Tierrassen grundsätzlich von der Patentierbarkeit ausgenommen – unabhängig davon, wie sie entstanden sind (ob mithilfe mikrobiologischer Verfahren oder nicht).

3.2.2 Biotech-Ausnahmen

Neben den ausdrücklich patentfähigen Biotech-Erfindungen der Regel 27 EPÜ gibt es auch Ausnahmen, die explizit *nicht* patentierbar sind. Sie finden sich in Regel 28 EPÜ und spezifizieren die bereits in Art. 53a) EPÜ allgemein erwähnten Ausnahmen von der Patentierbarkeit (▶ Abschn. 3.1) in Bezug auf biotechnologische Erfindungen.

Aus dem Bereich der Biotechnologie fallen laut Regel 28 EPÜ insbesondere folgende Erfindungen unter die Ausnahme von der Patentierbarkeit des Art. 53a) EPÜ:

a. Verfahren zum Klonen von menschlichen Lebewesen;
b. Verfahren zur Veränderung der genetischen Identität der Keimbahn des menschlichen Lebewesens;
c. die Verwendung von menschlichen Embryonen zu industriellen oder kommerziellen Zwecken;
d. Verfahren zur Veränderung der genetischen Identität von Tieren, die geeignet sind, Leiden dieser Tiere ohne wesentlichen medizinischen Nutzen für den Menschen oder das Tier zu verursachen, sowie die mithilfe solcher Verfahren erzeugten Tiere.

Wichtig ist, dass diese Aufzählung nicht abschließend ist und somit auch noch weitere biotechnologische Erfindungen von der Patentierbarkeit ausgenommen sein können. Ebenfalls wichtig ist, dass diese Liste nur die Patentierbarkeit betrifft, aber nichts darüber aussagt, ob solche Verfahren rechtlich erlaubt sind oder nicht.

Unter den ersten Punkt fallen alle Verfahren, die auf die Erzeugung eines Menschen abzielt, der genetisch identisch ist mit einem anderen Menschen – unabhängig davon, ob dieser andere Mensch noch lebt oder bereits verstorben ist. Interessant ist hier die Beschränkung auf den Menschen – Tiere zu klonen, fällt nicht unter die Ausnahme der Regel 28 EPÜ und könnte sich somit patentieren lassen.

Punkt b schließt genetische Veränderungen von menschlichen Ei- und Samenzellen von der Patentierbarkeit aus.

Zu den unter c aufgeführten Ausnahmen von der Patentierbarkeit gehören nur solche Anwendungen, in denen Embryonen verwendet werden, ohne diesen selbst zu nutzen – sie mit anderen Worten also nur Mittel zur Erreichung eines Ziels sind. Diagnostische oder therapeutische Verfahren an einem Embryo zu dessen eigenen Nutzen fallen dagegen nicht unter die Ausnahme. Punkt c umfasst zum Beispiel solche Stammzellkulturen, die ausschließlich durch ein Verfahren erhalten werden, bei dem Embryonen zerstört werden. Diese Beschränkung gilt selbst dann, wenn die Zerstörung der Embryonen nicht explizit Teil des Anspruches ist, es aber offensichtlich ist, dass die Erfindung nicht ohne einen solchen Schritt erhalten werden kann. Der Begriff „Embryo" meint dabei grundsätzlich alle Stadien von der befruchteten Eizelle bis zur Geburt.

Punkt d beschäftigt sich mit genetisch veränderten Tieren, die zum Beispiel als Modelle für die Erforschung von Krankheiten verwendet werden. Ein in diesem Zusammenhang viel diskutiertes Beispiel war die in den 1980er-Jahren (und somit bevor die Biotechnologierichtlinie 1998 in Kraft trat) zum Patent angemeldete „Krebsmaus", die als „Onco-Mouse" auf den Markt gebracht wurde. Hierbei handelt es sich um eine gentechnisch veränderte Maus der Harvard University, die durch Übertragung von beim Menschen Brustkrebs auslösenden Genen dazu neigt, Krebs zu entwickeln, was sie zu einem Tiermodell für die Krebsforschung macht [5].

Das EPA hatte damals zunächst eine entsprechende Patentanmeldung wegen Art. 53b) – der Nichtpatentierbarkeit von Tierrassen beziehungsweise rein biologischer Verfahren zur Züchtung – zurückgewiesen. Der Anmelder legte dagegen jedoch erfolgreich Beschwerde ein. Er begründete dies damit, dass es sich bei der Krebsmaus nicht um eine Tierrasse handelt und sie nicht durch rein biologische Verfahren entstanden ist, sondern mittels gentechnischer Methoden. Die Beschwerdekammer, die die von der Harvard University gegen die Entscheidung des EPAs eingereichte Beschwerde zu beurteilen hatte, widerrief die ursprüngliche Entscheidung der Prüfungsabteilung. So wurde für die Krebsmaus zunächst ein europäisches Patent erteilt. Dagegen legten jedoch verschiedene Personen und Verbände Einspruch ein – dieses Mal mit der Begründung, dass den Krebsmäusen Leid zugefügt wird, was der öffentlichen Ordnung und somit Art. 53a) EPÜ widerspreche. Um zu einem Urteil zu gelangen, wurde der Nutzen für die Menschheit durch die Forschung an diesen Mäusen gegen das Leid der Mäuse durch die Krebserkrankungen und gegen potenzielle Umweltschäden durch diese Mäuse abgewogen: Der Nutzen für die Menschheit wurde höher bewertet als das Leid der Mäuse. Das Patent fiel deshalb nicht unter die Ausnahme von der Patentierbarkeit des Art 53a) EPÜ [6].

Anders dagegen entschied das EPA im Fall der europäischen Patentanmeldung mit der Nummer 0439553. Es beanspruchte transgene Mäuse, die ihr Fell verloren und zum Beispiel verwendet werden sollten, um Behandlungsmöglichkeiten von menschlichem Haarausfall zu erforschen. Hier wurde das Leid der Mäuse im Vergleich zum potenziellen Nutzen für die Menschheit höher bewertet und das EPA wies die Patentanmeldung zurück: kein Patent für die haarlose Maus.

Ob genetisch veränderte Tiere patentiert werden können oder ob dies aus ethischen Überlegungen verneint wird, lässt sich also nicht generalisieren. Es bleibt immer eine Einzelentscheidung, bei der das Leid der Tiere und eine möglicherweise auftretende Gefährdung der Umwelt sorgfältig gegen den potenziellen medizinischen Nutzen für den Menschen abgewogen werden müssen.

3.2.3 Patente auf den menschlichen Körper und seine Bestandteile?

Da der Mensch als besonders schützenswert angesehen wird, gibt es eine Regel, die sich ausschließlich mit der Patentierbarkeit rund um den Menschen beschäftigt: Regel 29 EPÜ dreht sich darum, was im Zusammenhang mit dem menschlichen Körper und seinen Bestandteilen als patentierbar angesehen wird und was nicht.

Absatz 1 beginnt zunächst mit einer weiteren Ausnahme: der menschliche Körper in allen Phasen seiner Entstehung und Entwicklung sowie eine reine Entdeckung eines oder mehrerer seiner Bestandteile können nicht patentiert werden. Zu Letzteren gehören zum Beispiel Gene oder Teilbereiche eines Gens, Proteine, Gewebe oder bestimmte Organe.

Absatz 2 relativiert das Verbot aus Absatz 1: Ein Bestandteil eines menschlichen Körpers kann dann patentierbar sein, wenn er durch irgendein technisches Verfahren gewonnen wurde, obwohl er identisch wie ein natürlich vorkommender Bestandteil aufgebaut ist. Eine wichtige Voraussetzung für ein solches Patent folgt in Absatz 3: Für die Patentierbarkeit muss eine konkrete gewerbliche Anwendbarkeit beschrieben werden. Isolierte Bestandteile des menschlichen Körpers im Rahmen einer gewerblichen Anwendbarkeit zu patentieren, entspricht somit auch der allgemein gehaltenen Regel 27a) EPÜ. Hiernach ist jegliches biologische Material patentierbar, das mithilfe eines technischen Verfahrens aus seiner natürlichen Umgebung isoliert oder hergestellt wird. In diesem speziellen Fall ist die „natürliche Umgebung" der menschliche Körper.

In den frühen Zeiten der Genomsequenzierung haben Firmen versucht, sich Sammlungen von Sequenzen oder die Sequenzen ganzer Genome als solche patentieren zu lassen. Häufig aber hatten die Anmelder die Funktion der Sequenzen zumindest zum Anmeldezeitpunkt nicht verstanden und kannten daher auch keine industrielle Anwendung hierfür. Das Ziel war allein, sich einen patentrechtlichen Vorteil gegenüber Mitbewerbern zu sichern und eventuell später zumindest für einzelne Sequenzen eine kommerzielle Anwendung zu finden.

So kann man inzwischen nicht mehr vorgehen, schließlich profitiert die Gesellschaft von solchen Erfindungen nicht. Sie können im Gegenteil sogar eher schädlich sein. Würden ein solches Patent erteilt, erhielte deren Inhaber ein Monopol auf etwas, für das er keine Verwendung kennt. Jeder, der eine sinnvolle Anwendung findet und diese auch kommerziell anwenden wollte, wäre gezwungen, eine Lizenz vom Inhaber des Patentes auf diese Sequenz zu nehmen.

3.3   Bekannte Substanzen als Medikament

Bei bestimmten medizinischen Erfindungen gibt es einen Sonderfall. In ▶ Kap. 2 wurde Neuheit als ein essenzielles Kriterium für die Patentierbarkeit einer Erfindung beschrieben – für etwas, das bereits bekannt ist, sollte verständlicherweise niemand nachträglich ein Schutzmonopol erhalten können.

Eine interessante Situation ergibt sich aber, wenn für eine bereits bekannte chemische Substanz oder eine Zusammensetzung von mehreren Substanzen, für die zuvor keine pharmazeutische Wirkung bekannt war, plötzlich doch eine medizinische Anwendung identifiziert wird. Ein Beispiel wäre eine Substanz, die zunächst vielleicht nur als Farbstoff bekannt war, von der aber später gezeigt wird, dass sie auch als Schmerzmittel wirkt. Das Problem hierbei: Für die Substanz selbst kann es keinen Schutz mehr geben, denn sie ist bereits bekannt und somit nicht mehr neu. Neu wäre allenfalls die medizinische Verwendung dieser Substanz in einem therapeutischen Verfahren, aber therapeutische Verfahren sind durch den ersten Satz des Art. 53c) EPÜ von der Patentierbarkeit ausgenommen (▶ Abschn. 3.1.3). Kann es also sein, dass der Erfinder in solchen Fällen seine Erfindung nicht vor Nachahmern schützen kann?

Das wäre wenig sinnvoll. Die Allgemeinheit ist stark daran interessiert, dass neue Medikamente entdeckt werden und auf den Markt kommen – egal, ob die dabei verwendeten Substanzen bereits bekannt waren oder nicht. Allerdings wird ein Unternehmen kaum die aufwendige Entwicklung und Zulassung eines neuen Medikaments mit einer bekannten Substanz auf sich nehmen wollen, wenn es hierfür keinen Patentschutz erhalten und dadurch Konkurrenten von der Nachahmung abhalten kann.

Es musste also eine Lösung her, die das Problem mangelnder Neuheit bei gleichzeitigem Patentierungsverbot für therapeutische, diagnostische oder chirurgische Verfahren löst. Die meisten nationalen und regionalen Patentgesetze, so auch das EPÜ, haben diese Notwendigkeit erkannt und entsprechende Auswege geschaffen. Das EPÜ etwa erlaubt in solchen Fällen nach Art. 54(4) EPÜ die sogenannte **erste medizinische Indikation** (*first medical indication*) von Stoffen, die zwar als solche bereits bekannt sind, aber bisher noch nicht zur therapeutischen Behandlung von tierischen oder menschlichen Krankheiten zum Einsatz kamen. Diese Ausnahme spiegelt sich auch in Art. 53c) EPÜ wider. Dieser nimmt zwar Verfahren zur chirurgischen oder therapeutischen Behandlung und diagnostische Verfahren als solche von der Patentierbarkeit aus. Aber er stellt in seinem zweiten Satz sicher, dass dieses Verbot nicht für *Erzeugnisse zur Anwendung* für diese Zwecke gilt – genau das ist bei der ersten medizinischen Indikation der Fall. Wie könnte also ein entsprechender Patentanspruch in einer EP-Patentanmeldung aussehen?

Beispiel Benzoylperoxid

Ein reales Beispiel für eine erste medizinische Indikation ist Dibenzoylperoxid. Das farblose, schwach riechende Pulver wurde zunächst als Bleichmittel verwendet, später vermehrt als Radikalstarter für Polymerisationsreaktionen von Vinylmonomeren – etwa in Zwei-Komponenten-Klebstoffen. Beides hat mit Medizin nichts zu tun. Dann aber fanden Forscher heraus, dass Benzoylperoxid gut gegen Akne wirkt – und zwar so erfolgreich, dass eine einzige Produktlinie (proactiv®) mit diesem Wirkstoff 2010 einen Umsatz von 800 Millionen US-Dollar erzielte [7].

Ein Anspruch für die erste medizinische Indikation von Dibenzoylperoxid für eine EP-Anmeldung könnte folgendermaßen lauten:

1.   Dibenzoylperoxid zur Verwendung als Arzneimittel.

Ein typischer Anspruch für eine erste medizinische Indikation kann also sehr breit abgefasst werden: Es ist nicht nötig, den Anspruch auf die Krankheit zu beschränken, für die der Patentanmelder eine therapeutische Verwendung gefunden hat. Mit einem solchen Anspruch ist also die bereits bekannte Substanz zur Verwendung als Arzneimittel für die Behandlung von *allen* Krankheiten abgedeckt, auch solchen, die erst später entdeckt werden (eventuell sogar von anderen Personen).

Die Sonderregelung für die erste medizinische Indikation ist – wie schon der Name sagt – beschränkt auf eine *erste* medizinische Indikation. Was geschieht aber, wenn zwar schon bekannt ist, dass eine Substanz als Medikament für eine bestimmte Krankheit verwendet werden kann, danach aber noch eine – oder sogar mehrere – zusätzliche Krankheiten identifiziert werden, die sich ebenfalls mit diesem Medikament behandeln lassen?

Auch solche Erfindungen sind von Interesse für die Gesellschaft, sodass es auch hierfür eine patentrechtliche Lösung gibt: Da in diesem Fall eine erste medizinische Indikation bereits bekannt ist, kann man diese neuen Anwendungen als **zweite (oder weitere) medizinische Indikation** (*second or further medical indication*; Art. 54(5) EPÜ) schützen lassen:

Beispiel Sildenafil. Dieses Medikament war bereits bekannt, als eine zweite medizinische Anwendung dafür gefunden wurde: Ursprünglich diente dieser Wirkstoff unter dem Namen Viagra® dazu, Erektionsstörungen zu behandeln – doch er hilft ebenfalls bei idiopathischer pulmonal-arterieller Hypertonie, bei der der Blutdruck im Lungenkreislauf des Patienten ansteigt. Ein entsprechender erster Anspruch für eine europäische Patentanmeldung, die diese Erfindung beschreibt, könnte also so lauten:

1.   Sildenafil zur Verwendung bei der Behandlung von idiopathischer pulmonal-arterieller Hypertonie.

Während bei der ersten medizinischen Indikation ein neuer Wirkstoff ohne Einschränkung auf eine bestimmte Krankheit ganz generell als Medikament geschützt werden kann, muss der Anspruch bei der zweiten (oder weiteren) medizinischen Indikation auf eine oder mehrere spezifische Krankheiten beschränkt sein.

Wichtig ist, dass die Möglichkeit der Sonderform der ersten oder zweiten medizinischen Indikation nur dazu dient, bereits bekannten Substanzen *Neuheit* zu verschaffen. Damit solche Erfindungen jedoch patentierbar sind, müssen sie auch die anderen

Anforderungen an die Patentierbarkeit erfüllen – sie müssen erfinderisch sein und gewerblich anwendbar.

Die gewerbliche Anwendbarkeit ist bei Medikamenten üblicherweise kein Problem. Allerdings kann eine zweite medizinische Indikation naheliegen, wenn zum Beispiel die mit dem bekannten Medikament neu zu behandelnde Krankheit auf den gleichen molekularen Mechanismen beruht wie die bereits bekannte Krankheit, gegen die das Medikament bereits eingesetzt wird. Dann kann es geschehen, dass für die Erfindung trotz einer neuen medizinischen Anwendung kein Patent erteilt wird.

Patentansprüche für eine zweite medizinische Indikation sind zudem auf ganz besondere Art zu interpretieren: Außerhalb eines medizinischen Kontextes werden Ansprüche der Art „Gegenstand X zur Verwendung bei Verfahren Y" so interpretiert, dass der Gegenstand X lediglich für die Verwendung im Verfahren Y *geeignet* sein muss. Geschützt wird aber der Gegenstand X als solcher und zwar *ohne* die Beschränkung, nur im Verfahren Y verwendet zu werden. Nur bei medizinischen Indikationen wird die Angabe „zur Verwendung bei der Behandlung von Krankheit Y" auch als Beschränkung des Schutzumfanges interpretiert. Ein solcher Anspruch schützt also nicht die Substanz als solche (die ohnehin bereits bekannt ist, sogar in einem medizinischen Zusammenhang), sondern nur die Substanz *bei der Verwendung* für die genannte Behandlung.

Interessanterweise kann mit einer zweiten medizinischen Indikation nicht nur die Behandlung einer neuen Krankheit mit einer bekannten Substanz geschützt werden, sondern auch eine neue Art der Medikamentengabe bei gleicher Kombination aus Medikament und zu behandelnder Krankheit:

Mit Nicotinsäure wird Hyperlipidämie behandelt, ein erhöhter Cholesteringehalt im Blut. Üblicherweise wurden zwei- bis dreimal über den Tag verteilt Nicotinsäure und Nicotinsäure-Metabolite gegeben. Cholesterin wird aber vor allem abends und nachts während des Schlafs vom Körper gebildet. Somit stand mit dieser Dosierung dem Körper gerade dann am wenigsten Wirkstoff zur Verfügung, wenn der Bedarf am größten war. Die Erfinder des europäischen Patents 0643965 haben dies erkannt und als Lösung die Gabe einer langwirksamen Form abends vor dem Schlafengehen zum Patent angemeldet. Da hier eine bereits bekannte Kombination aus Wirkstoff und Krankheit geschützt werden sollte, wies das EPA diese Anmeldung zunächst zurück. Nach Beschwerde durch den Patentanmelder und einer Entscheidung der großen Beschwerdekammer wurde das Patent dann doch erteilt: Auch die Identifikation einer neuen Dosierungsanleitung wurde als neue medizinische Indikation angesehen.

Unter eine zweite medizinische Indikation würde neben einer neuen Dosierungsanleitung zum Beispiel auch eine neue Verabreichungsweise fallen – etwa subkutan statt intramuskulär – oder auch die Identifizierung einer neuen Untergruppe von Patienten, die besonders von diesem Medikament profitieren würde.

Damit der Prüfer im Prüfungsverfahren eine erste, zweite oder weitere medizinische Indikation tatsächlich akzeptiert, muss die Patentanmeldung entsprechende experimentelle Beweise enthalten. Schließlich soll sich kein Anmelder Patentschutz für ein bereits bekanntes Medikament „reservieren", in der Hoffnung, dass dieses Medikament vielleicht tatsächlich eine Krankheit lindert oder heilt.

Nun werden Patente oft lange vor klinischen Studien angemeldet und umgekehrt sind diese Studien am Menschen vorher nicht möglich. So wird akzeptiert, dass zum Anmeldetag keine Daten vorliegen, die eine medizinische Wirkung im menschlichen Patienten nachweisen. Der Anmelder muss aber mit geeigneten Studien in Zellkulturen, Tieren oder entsprechenden Tiermodellen alternative Belege liefern, die eine entsprechende medizinische Wirksamkeit nahelegen – umso stärker die experimentelle Datenlage, desto besser.

Wissenswertes zur zweiten medizinischen Indikation
Die Möglichkeit, über die erste oder weitere medizinische Indikation Neuheit fürs Verwenden bekannter Substanzen in medizinischen Verfahren herstellen zu können, ist für den Anmelder erfreulich. Weniger erfreulich ist jedoch, dass die verschiedenen nationalen Patentgesetze sehr unterschiedliche Anforderungen stellen, wie die entsprechenden Ansprüche zu formulieren sind. In den USA zum Beispiel sind hierfür nur Ansprüche erlaubt, die ein Verfahren zur Behandlung einer Krankheit beanspruchen. Solche Ansprüche sind jedoch in EP gerade nicht möglich, da Behandlungen des menschlichen oder tierischen Körpers von der Patentierbarkeit ausgeschlossen sind. Wieder andere Länder, China etwa, erlauben nur die sogenannte **schweizerische Anspruchsform** *(swiss-type claim)*, die – wie der Name nahelegt – zuerst in der Schweiz angewandt wurde, um das Patentverbot einer Behandlung des menschlichen Körpers zu umgehen. Sie ist folgendermaßen aufgebaut:
1. Verwendung von Substanz X zur Herstellung eines Arzneimittels zur Behandlung von Krankheit Y.
Wenn also eine Patentanmeldung, die sich um eine erste oder weitere medizinische Indikation rankt, in mehreren Ländern verfolgt und zur Patenterteilung gebracht werden soll, hilft es, bereits beim Erstellen der Anmeldung darin ein ganzes Repertoire an entsprechenden Formulierungen aufzunehmen.

3.4   Hilfreiche Tipps

Die in diesem Kapitel erwähnten Regeln des EPÜ sind auf der Homepage des EPA (www.epo.org) verfügbar und können dort kostenlos in den drei Amtssprachen Deutsch, Englisch und Französisch heruntergeladen werden. Der Suchbegriff dafür lautet „Ausführungsordnung" – beziehungsweise *„implementing regulations"* oder *„règlement d'exécution"*.

Neben dem EPÜ mit seinen Artikeln und der Ausführungsordnung mit Regeln bieten auch die Richtlinien für die Prüfung Lesestoff für alle, die sich intensiver mit dem EPÜ und seinen Verfahren auseinandersetzen wollen. Unter dem Stichwort „Richtlinien für die Prüfung" *(„guidelines for examination"* beziehungsweise *„directives relatives à l'examen pratiqué")* lassen sich die entsprechenden Texte finden und herunterladen.

Literatur

1. G 1/98, T49/83 und T320/87
2. T182/90, ABl 1994, 641 & T35/99, ABl 2000, 447

3. G1/04, ABl 2006, 334
4. G1/07, ABl 2011, 134
5. WIPO Magazine, 3/2006: „Bioethics and Patent Law: The Case of the Oncomouse"
6. Board of Appeal of the European Patent Office, Decision of 6 July 2004, T 315/03
7. Decker A, Graber EM (2012) Over-the-counter Acne Treatments: A Review. J Clin Aesthet Dermatol 5(5):32–40

Die Erfindung finden

Und verstehen, wie breit sie beansprucht werden kann

© Springer-Verlag GmbH Deutschland, ein Teil von Springer Nature 2018
S. Vorwerk, *Schritt für Schritt zum Patent*,
https://doi.org/10.1007/978-3-662-55966-6_4

Sehr kreative Wissenschaftler können den ersten Teil dieses Kapitels vermutlich überspringen, denn sie haben wahrscheinlich bereits genug Ideen, um in ihrer Arbeit patentierbare Erfindungen zu finden. Für viele ist dies aber unter Umständen die schwierigste Hürde auf dem Weg zum eigenen Patent. Deshalb gibt es hier ein paar Anregungen, die die Suche nach der eigenen Erfindung erleichtern. Wer sich unsicher ist, inwieweit es sinnvoll sein kann, eine bestimmte Erfindung zu patentieren, sollte sich an die entsprechenden Technologietransferzentren oder Patentabteilungen wenden: Häufig kann ein Gespräch mit Patentfachleuten nützliche Ideen liefern und schnell Klarheit schaffen.

4.1   Woraus könnte die Erfindung bestehen?

Nun geht es los: Worin könnte sich die eigene, potenziell patentierbare Erfindung verbergen? Leider ist die Suche nicht unbedingt einfach, denn bloße wissenschaftliche Erkenntnisse, wie sie üblicherweise im Laboralltag anfallen, lassen sich nicht patentieren. Sie sind zunächst „nur" Entdeckungen (siehe Art. 52 (2)a EPÜ, ▶ Abschn. 4.1.1).

Für den Schritt von der Entdeckung zur Erfindung braucht es häufig viel Kreativität, um eine – oder auch mehrere – kommerzielle Anwendungen zu finden. Bei Forschungsergebnissen aus der Medizin etwa scheint das auf den ersten Blick recht einfach, denn für sie sollte sich zum Beispiel eine patentierbare Anwendung innerhalb der Diagnostik beziehungsweise bei der Behandlung von Krankheiten finden. In ▶ Abschn. 4.1.1 ist aber gezeigt, welche Schwierigkeiten dabei häufig auftreten, denn in der Praxis geht die akademische medizinische Forschung häufig nicht weit genug, um bis zu einer patentierbaren Erfindung zu gelangen. Bei anderen Forschungsgebieten helfen Einfallsreichtum und der Blick über den eigenen Tellerrand: Umso breiter die Überlegungen ausschweifen, desto wahrscheinlicher ist es, eine sinnvolle Anwendung zu finden.

Da Erfindungen definitionsgemäß etwas Neues sind, werden in den folgenden Abschnitten nur Ansatzpunkte dafür geliefert, woraus die eigene Erfindung bestehen könnte, mit dem Ziel, das Bewusstsein für patentierbare Erfindungen zu schärfen. Im Zweifel gilt: Lieber mehr Ideen mit den Mitarbeitern des Technologietransferzentrums oder der Patentabteilung diskutieren als zu wenige. Im Austausch mit Fachleuten lässt sich üblicherweise rasch klären, was für eine Patentierung vielversprechend ist, was nicht und wie sinnvollerweise weiter vorgegangen wird.

4.1.1   Diagnostische Tests und potenzielle *drug targets*

Bei der medizinischen Forschung – oder Forschung, die potenziell relevant für die Medizin sein kann – scheint es auf den ersten Blick recht einfach zu sein, eine patentierbare Erfindung zu identifizieren. Neue Erkenntnisse über zelluläre Komponenten, die eine wichtige Rolle bei einer Erkrankung spielen und im Krankheitsfall hoch- oder runterreguliert werden, könnten zum Beispiel diagnostische Marker sein für einen neuen diagnostischen Test. Die kommerzielle Anwendung und die Technizität eines diagnostischen Tests sind üblicherweise kein Problem, sodass in solchen Fällen vergleichsweise einfach ein Patent erteilt wird, zumindest sofern es um Neues und Erfinderisches geht (siehe aber auch ▶ Abschn. 3.1.3).

Schwieriger wird es schon, wenn die Erfindung aus einem oder mehreren Zielmolekülen besteht, sogenannten *drug targets*, die ein Ansatzpunkt für die Entwicklung neuer Arzneien sein können. Häufig handelt es sich hierbei um Proteine, zum Beispiel Enzyme, Rezeptoren, Ionenkanäle oder Transporter. Pharmazeutische Wirkstoffe könnten dann unter anderem kleine Moleküle, Peptide, und Proteine sein, die so auf das *drug target* einwirkten, dass die Krankheitssymptome gemildert oder sogar die Krankheit geheilt werden kann.

Akademische Forschung ist gut darin, neue potenzielle *drug targets* zu identifizieren. Allerdings liegt ihr Interesse häufig nicht darin, potenzielle Wirkstoffkandidaten zu bestimmen, sondern „nur" die zellulären Mechanismen der Erkrankung aufzudecken und zu verstehen. Genau hier liegt das Problem: *Drug targets* liefern zwar eine wichtige Grundlage für die Medikamentenentwicklung. Doch ihr eigentlicher Wert liegt in den mit ihrer Hilfe gefundenen Wirkstoffen – ein Schritt, den akademische Forscher oft nicht beschreiten beziehungsweise auch gar nicht beschreiten können, schließlich ist die Identifizierung potenzieller Wirkstoffe technisch aufwendig und kostenintensiv. Sobald dann aber solche neuen Wirkstoffe vorliegen, ist die Patentierung vergleichsweise einfach: Patentansprüche können sich direkt auf die Struktur des Wirkstoffes richten, sofern diese neu ist, beziehungsweise auf eine erste oder zweite medizinische Indikation, falls sie schon bekannt ist. Ausserdem können entsprechende pharmazeutische Zusammensetzungen geschützt werden oder bestimmte Darreichungsformen, um nur einige Beispiele zu nennen. Was also, wenn zwar ein *drug target* identifiziert wurde, aber kein Interesse oder keine Möglichkeit besteht, auch einen entsprechenden Wirkstoff zu identifizieren?

Die einfachste Antwort wäre: Einfach das *drug target* selbst zum Patent anmelden. Das ist in der Vergangenheit tatsächlich häufiger geschehen und mag auch in einigen speziellen Fällen immer noch eine akzeptable Option sein. Im Allgemeinen wird hiervon inzwischen aber eher abgeraten. Sofern nicht wenigstens ein entsprechender Wirkstoff bereits bekannt ist, lohnt es sich meistens nicht, Patentanmeldungen für *drug targets* einzureichen. Pharmafirmen melden daher solche Patente üblicherweise nicht mehr an und auch akademische Forschungseinrichtungen nehmen hiervon zunehmend Abstand.

Der Grund hierfür ist, dass die meisten Patentämter solche Anmeldungen nicht (mehr) erteilen. Üblicherweise hat der Anmelder nur sehr wenige Daten, verlangt aber Schutz für einen sehr großen Bereich – nämlich alle Medikamente, die über das identifizierte *drug target* ihre Wirkung ausüben – und das alles, ohne auch nur eines dieser Moleküle selbst identifiziert zu haben. Der Anmelder liefert also der Allgemeinheit zunächst nur einen Anhaltspunkt für weitere Arbeiten, aber keinen unmittelbaren praktischen Nutzen. Es wird somit anderen überlassen, diesen notwendigen Teil der Forschung zu übernehmen.

Würden also Patente auf *drug targets* erteilt, könnte das Firmen sogar unerwünschterweise abhalten, an Wirkstoffen für jene *drug targets* zu arbeiten: Um ihre Ergebnisse in Form von neuen Wirkstoffen nutzen zu können, müssten sie zunächst eine Lizenz für das Patent auf das jeweilige *drug target* nehmen. Neben den bereits hohen Kosten für die Medikamentenentwicklung fallen dann auch noch Lizenzgebühren an. Demgegenüber ist der potentielle Nutzen von Patenten für *drug targets* für die Allgemeinheit zu stellen. Dieser ist jedoch gering und unter Umständen sogar negativ, sodass die Patentämter Anmeldungen für reine *drug targets* ohne wenigstens einen entsprechenden Wirkstoff üblicherweise zurückweisen.

Was kann der Erfinder eines neuen *drug targets* also tun? Am besten ist, sich zunächst an Fachleute zu wenden, zum Beispiel an das zuständige Technologietransferzentrum, um die bestehenden Möglichkeiten durchzugehen. In der Tat gibt es einige sehr spezielle Konstellationen, in denen es durchaus sinnvoll sein kann, ein Patent für ein *drug target* anzumelden. Falls das auf die eigene Erfindung aber nicht zutrifft, können zumindest Alternativen diskutiert werden. Hierzu gehört zum Beispiel, einen diagnostischen Test zu patentieren, der die Anwesenheit/Abwesenheit oder die Menge des *drug targets* in einer spezifischen Probe misst. Eine andere Option könnte die Patentierung von *screening*-Verfahren zur Identifikation potenzieller Wirkstoffe sein.

Auch eine Zusammenarbeit mit einer Arbeitsgruppe oder einer Forschungseinrichtung, die sich auf die Identifikation von Wirkstoffen für neue *drug targets* spezialisiert hat, könnte möglich und gewinnbringend sein. In solchen Fällen ist die Erfindung Teamarbeit – die erste Gruppe identifiziert das *target*, die zweite einen oder mehrere potenzielle Wirkstoffe. Bei einer so entstehenden Patentanmeldung werden üblicherweise Wissenschaftler aus beiden Teams als Erfinder genannt und die entsprechenden Rechte zwischen den beteiligten Institutionen aufgeteilt.

Schließlich ist es gar nicht abwegig, erst einmal kein Patent auf das *target* anzumelden, sondern mit einem Pharmaunternehmen ein Übereinkommen auszuhandeln: Das Unternehmen könnte den Wirkstoff für das *target* entwickeln, wobei die akademische Forschungsgruppe mit ihrem speziellen Fach- und Methodenwissen in Bezug auf das *target* beziehungsweise die Krankheit zum Erfolg beiträgt. Sobald ein Wirkstoff gefunden ist, kann dann eine Patentanmeldung eingereicht werden. Darauf sind dann in der Regel auch die Wissenschaftler als Erfinder genannt, die das *drug target* identifiziert haben.

Drug targets – Fazit:
Wer *drug targets* identifiziert hat, sollte sich professionelle patentrechtliche Unterstützung suchen, zum Beispiel beim zuständigen Technologietransferzentrum, um die bestmögliche Patentstrategie auszuloten.

4.1.2 Enzyme aller Art

Viele Forscher entdecken im Rahmen ihrer Arbeit ein neues Enzym. Wer dann noch versteht, welche Reaktion es katalysiert, sollte sich fragen, in welchem kommerziellen Bereich diese Reaktion bereits durchgeführt wird oder hilfreich sein könnte. Patenttechnisch relevant sind nicht nur vollkommen neue Reaktionen, sondern auch solche, die zwar schon bekannt, aber mit dem neuen Enzym unter anderen Reaktionsbedingungen schneller, spezifischer oder aus anderen Gründen besser ablaufen könnten. Da Enzyme auf viele Arten in der Industrie angewandt werden, sollte sich für die Entdeckung eines neuen Enzyms auch eine patentierbare Anwendung finden lassen. Oft ist dabei die mögliche Anwendung gar nicht unbedingt im eigenen Arbeitsbereich zu finden. So kann durchaus einiges an Recherche notwendig sein, um etwas Brauchbares zu finden – zum Beispiel in der Papier- und Waschmittelindustrie, in der Produktion von Vitaminen und Nahrungsergänzungsmitteln, in der Zersetzung organischen Materials in der Biokraftstoffproduktion oder beim Abbau von Schadstoffen.

Ein Feld, das bei den Überlegungen zu einer potenziellen Anwendung leicht ignoriert werden könnte, sind all die Enzyme, Kits und Verbrauchsmaterialien, die im Labor verwendet werden – auch sie mussten von irgendjemandem erfunden werden und sind häufig auch patentgeschützt (oder waren es zumindest früher).

4.1.3 Neue molekularbiologische Methoden

Nicht nur neue Enzyme können im Labor Anwendung finden. Auch für neue molekularbiologische Methoden gibt es Bedarf. Ein sehr bekanntes Beispiel für eine erfolgreich patentgeschützte Methode ist die Polymerase-Kettenreaktion (*polymerase chain reaction*, PCR). Hierbei werden mittels zweier kurzer komplementärer DNA-Moleküle bestimmte DNA-Abschnitte spezifisch vervielfältigt. Das Verfahren und seine vielfältigen Varianten sind aus dem Labor nicht mehr wegzudenken – und das Basis-Patent, das die Methode schützt, hat seinem Besitzer, der schweizer F. Hoffmann-La Roche AG, hohe Lizenzeinnahmen beschert. Aber auch die vielen Verbesserungen der Methode – etwa thermostabile Polymerasen, Polymerasen mit besonders geringer Fehlerrate und PCR-Maschinen – führten zu vielen weiteren Patenten, die für ihre Besitzer profitabel waren. Die Gesamtlizenzeinnahmen für die PCR-Technologie werden allein bis zum Jahr 2006 auf etwa zwei Milliarden US-Dollar geschätzt [1].

Dass die eigene Erfindung auch einen so durchschlagenden Erfolg hat, ist zwar eher unwahrscheinlich. Nichtsdestotrotz müssen auch so vermeintlich langweilige Erfindungen wie neue Methoden für die Forschung von irgendjemandem gemacht werden. Es lohnt sich also, auch darüber nachzudenken.

4.1.4 Interaktionen zwischen zwei Molekülen

Moleküle, die bestimmte andere Moleküle spezifisch binden, können die Grundlage für viele patentierbare Anwendungen sein – zum Beispiel Proteindomänen, also bestimmte Bereiche eines Proteins mit häufig vom Rest unabhängiger Faltung und Funktion, die spezifisch bestimmte andere Moleküle wie beispielsweise Proteinsequenzen, aber auch kleine Moleküle binden. Eine passende Anwendung hierfür hängt natürlich vom Einzelfall ab und es braucht wieder Kreativität, um eine passende Verwendung zu finden. Hier einige Anregungen:

Die spezifische Interaktion zweier Moleküle könnte zum Beispiel für ein neues Aufreinigungsverfahren verwendet werden – der eine Partner wird an einer Oberfläche immobilisiert und der andere aus einer Lösung aufgereinigt.

Falls es sich dabei um eine Proteindomäne handelt, die in natürlichen Proteinen von Interesse vorkommt, könnte sie mit dem Bindepartner eventuell gezielt adressiert und dadurch markiert oder inhibiert, also gehemmt werden, indem entsprechende Wirkstoffe an den Bindepartner gekuppelt werden.

Falls die Bindedomäne natürlicherweise nur in bestimmten Entwicklungsstadien, Organen oder Organellen vorkommt, ließe sich der Bindepartner eventuell zur gezielten Lokalisierung anderer Moleküle an diesen Orten nutzen. Diese anderen Moleküle können beispielsweise Wirkstoffe, Kontrastmittel, Farbstoffe oder andere diagnostische Substanzen sein, mit denen zielgenaue Medikamente oder Diagnostika entstehen.

4.1.5 Neue Materialien

Auch neue Materialien können interessante Erfindungen abgeben – etwa neue Verpackungsmaterialien, aber auch besonders vorteilhaftes oder sich nach einiger Zeit selbst auflösendes chirurgisches Nahtmaterial, Pflaster oder spezielle Beschichtungsverfahren, die Implantate besser anwachsen lassen oder das Risiko von Infektionen reduzieren.

Wichtig ist, dass nicht nur gewünschte Ergebnisse Erfindungen ergeben können, sondern auch – und manchmal gerade – ungewollte. Läuft ein Experiment zum Beispiel nicht nach Plan? Dann kann das Ergebnis trotzdem eine Erfindung ergeben. So erging es dem Erfinder des Klebstoffes von Klebezetteln, die auf Unterlagen aufgeklebt werden und ohne diese zu beschädigen auch wieder abgezogen werden können: Eigentlich hatte Spencer Silver, Wissenschaftler bei der Minnesota Mining and Manufacturing Company (3M) 1968 einen Superkleber herstellen wollen, stärker als alle damals bekannten Klebstoffe. Nun, diese Eigenschaft hatte das Produkt seiner Arbeit gerade nicht. Trotzdem vermutete er, dass es auch für diese Art Klebstoff irgendeine sinnvolle Anwendung geben müsste. Die Idee mit den Klebezetteln kam jedoch erst später. Mehrere Jahre lang suchte er intern bei seinem Arbeitgeber nach einer Anwendung, konnte sie aber für seine „Lösung ohne Problem" nicht finden. Erst sein Kollege Art Fry konnte aushelfen: Dem Chemiker und Hobbysänger fielen ständig die Notizzettel aus dem Gesangbuch heraus. Er brachte etwas von Silvers Klebstoff auf seine Zettel an – und die PostIt® Klebezettel waren erfunden [2]. Teamarbeit kann beim Finden der Erfindung helfen.

4.1.6 Pflanzen und Mikroorganismen

Auch wer mit Pflanzen arbeitet, sollte nach patentfähigen Ergebnissen ausschauen. Vielleicht lässt sich mit den eigenen Forschungsergebnissen eine bestimmte Eigenschaft von Nutz- oder Zierpflanzen verbessern? Verhilft die Überexpression eines Transporters vielleicht zu einem besseren Nährstofftransport, der wiederum zu gesünderen, größeren oder resistenteren Pflanzen oder Früchten führt? Verursacht ein bestimmter Virus ausgefallene Veränderungen an Blüten oder Blättern, die Schnittblumen oder Garten- und Zimmerpflanzen attraktiver machen könnten? Auch neue molekularbiologische Verfahren sowie die dafür verwendeten Werkzeuge, beispielsweise Enzyme oder Plasmide, könnten patentierbar sein.

Natürlich sind auch neue Mikroorganismen von patentrechtlichem Interesse. Neue Stämme zur Proteinexpression könnten genauso interessant sein wie Bakterien, die Schadstoffe aus Erde oder Wasser in unschädlicher Form akkumulieren können. Wenn ein Organismus eine ausgefallene Fähigkeit hat, sollte sich dafür auch eine patentierbare praktische Verwendung finden lassen.

4.1.7 Laborgerät

Interessante Ansätze für Erfindungen können auch in Geräten liegen, die den (Labor-) Alltag vereinfachen oder effizienter machen. Häufig entstehen solche Erfindungen, weil sich bei der Laborarbeit bestimmte Aufgaben als lästig oder mühselig erwiesen haben und ein Forscher sich die Arbeit erleichtern wollte: etwa mit Vorrichtungen, mit denen die Waschschritte von Mikrotiterplatten schneller werden, oder auch besonderen Halterungen für Mörser, die kalte Hände beim Mörsern von biologischem Material mit Stickstoff vermeiden.

Wer selbst von etwas genervt ist, ist damit wahrscheinlich nicht alleine. Auch andere Forscher stehen vermutlich vor dem gleichen Problem und könnten von einer Lösung profitieren. Hieraus könnte eine Erfindung für ein neues Produkt für einen Ausstatter von Laborbedarf werden.

4.1.8 Zu guter Letzt

Dieser Abschnitt hat einige Anhaltspunkte dafür geliefert, was alles patentierbar sein kann und woraus die eigene Erfindung bestehen könnte. Kreativität, Hartnäckigkeit und unter Umständen die Bereitschaft, mit Wissenschaftlern aus anderen Fachbereichen zusammenzuarbeiten, sind gute Voraussetzungen, um zum Erfinder zu werden.

Wichtig ist nur eines: Der Erfinder muss dafür sorgen, dass die eigene Erfindung neu und erfinderisch bleibt und nicht vor dem Einreichen der Patentanmeldung öffentlich wird. Wer sich mit anderen über seine Ergebnisse austauschen möchte, ohne dass diese zum Stand der Technik gehören sollen, denke bitte unbedingt rechtzeitig an Vertraulichkeitserklärungen (siehe ▶ Abschn. 2.1.2).

4.2 Patentrecherchen

Sodann, die eigene Erfindung ist identifiziert. Dann könnte es theoretisch mit dem Schreiben der Patentanmeldung losgehen. Idealerweise erfolgt allerdings vorher eine **Stand-der-Technik-Recherche** *(prior art search)*, auch **Patentierbarkeitsrecherche** *(patentability search)* genannt, um festzustellen, was auf dem Gebiet der Erfindung bereits bekannt ist, um zu verstehen, ob die Erfindung überhaupt neu und erfinderisch ist und wie breit die Erfindung beansprucht werden kann. Eröffnet die Erfindung ein ganz neues Feld, können die Beschreibung und die Ansprüche vergleichsweise breit formuliert werden. Ist auf dem Gebiet der Erfindung aber bereits vieles bekannt, hilft es, vorher die eigene Nische genauer auszuloten. In solchen Fällen sollten die Beschreibung und die Ansprüche auch entsprechend enger gefasst sein. Denn wird die Erfindung womöglich zu breit beschrieben und beansprucht, ohne dass zumindest engere Ausführungen genannt sind, auf die im Erteilungsverfahren zurückgegriffen werden kann, wird diese Erfindung vermutlich nicht als neu und erfinderisch anerkannt und deshalb voraussichtlich zurückgewiesen.

Technologietransferzentren oder Patentabteilungen in Unternehmen erwarten eher nicht, dass die Erfinder selbst den Stand der Technik recherchieren. Trotzdem soll es in diesem Buch auch um die Patentrecherche gehen: Einerseits sind die Anmeldungen von Patenten eine wichtige Quelle für wissenschaftliche Informationen, die aktuelle Erkenntnisse und Methoden beschreiben. Auch wenn sie erst 18 Monate nach der Einreichung öffentlich werden, enthalten sie unter Umständen Informationen, die sich sonst in keinen wissenschaftlichen Publikationen finden. Dieses Kapitel geht daher darauf ein, wie sich relevante Patentdokumente auffinden lassen. Andererseits mag es zwar unnötig sein, dass ein Erfinder selbst zum Stand der Technik recherchiert, aber es schadet auch nicht, sich zumindest einen groben Überblick über das Feld zu verschaffen. Wer bei der Meldung der Erfindung auch bereits den relevanten Stand der Technik angeben kann, macht es nicht zuletzt den Mitarbeitern des Technologietransferzentrums oder der Patentabteilung einfacher, die Patentfähigkeit einer Erfindung zu bewerten. Konnte kein relevanter Stand der Technik gefunden werden – also nichts, was die Neuheit oder erfinderische Tätigkeit der eigenen Erfindung vorwegnimmt –, erhöht das die Wahrscheinlichkeit, dass die Erfindung tatsächlich zum Patent angemeldet wird.

Ein erster Einblick in die Patentrecherche kann außerdem all denen helfen, die über eine Karriere im Patentrecht nachdenken: Teils erledigen Patentreferenten und Patentanwälte die Recherche selbst, teils übernehmen dies aber auch professionelle Rechercheure.

Wen das alles nicht interessiert, sollte aber zumindest ▶ Abschn. 4.2.2 lesen, wo erörtert wird, wie es sein kann, dass ein Erfinder zwar ein Patent auf seine Erfindung bekommt, diese aber nicht kommerzialisieren darf. Dabei handelt es sich um ein sehr grundlegendes Konzept, das jeder verstehen sollte, der irgendwie mit Patenten in Kontakt kommen könnte.

4.2.1 Was sind die Ziele der unterschiedlichen Recherchen?

Wie schon kurz erwähnt, geht es bei einer Patentierbarkeitsrecherche darum abzuschätzen, ob eine Erfindung angesichts des **Standes der Technik** neu und erfinderisch ist und wie breit die Ansprüche dienlicherweise gefasst werden sollen. Dabei ist jede Art von Veröffentlichung relevant, denn es geht einzig um die darin enthaltenen technischen Informationen. Bei Patentanmeldungen ist es außerdem egal, ob es sich um eine veröffentlichte Patentanmeldung handelt oder um ein bereits erteiltes Patent.

Eine andere Art Recherche ist die sogenannte **Handlungsfreiheitsrecherche**, besser bekannt unter ihrem englischen Namen *freedom-to-operate*-**Recherche**, kurz FTO-Recherche. Hierbei gilt es herauszufinden, ob die anzumeldende Erfindung auf den Markt kommen kann, ohne die Patentrechte Dritter zu verletzen: Häufig wird gesagt, dass Firmen, die ein Produkt vermarkten wollen, FTO haben müssen, also Handlungsfreiheit – sie dürfen mit ihrem Produkt nicht die Rechte Dritter verletzen. Sollte ein Unternehmen für ein bestimmtes Produkt keine FTO haben, ist vor dessen wirtschaftlicher Nutzung zunächst eine Lizenzvereinbarung mit dem Inhaber der Rechte zu treffen, was mit zusätzlichen Kosten verbunden ist. Manchmal ist es jedoch unmöglich, eine Lizenz – zumindest zu vernünftigen Bedingungen – zu erhalten, etwa wenn der Patentinhaber ein Konkurrent ist, der nicht bereit ist, Lizenzen an einen Mitbewerber zu vergeben. In den meisten Ländern kann ein Patentinhaber nur in ganz speziellen Situationen zur Lizenzvergabe gezwungen werden. Mehr zu Lizenzen gibt es in ▶ Abschn. 8.4.1.

Anders als bei einer Reche zum Stand der Technik sind bei einer FTO-Recherche vor allem erteilte Patente interessant: Nur diese geben dem Inhaber das Recht, anderen die

Verwendung der Erfindung zu verbieten, eine Patentanmeldung tut das nicht. Vor allem die Patentansprüche eines erteilten Patents bestimmen dessen Schutzumfang (Art. 84 EPÜ; mehr zu Ansprüchen in ▶ Abschn. 6.2.7). Wer ein Patent hält, kann also nur die Benutzung genau der Erfindung verhindern, die in den erteilten Ansprüchen enthalten ist, auch wenn die Beschreibung oder die Ansprüche der Patentanmeldung noch viel mehr umfasst.

Die Ergebnisse dieser beiden Arten von Recherchen können ganz unterschiedlich ausfallen: Eine Erfindung mag zwar patentierbar sein. Das heißt aber nicht automatisch auch, dass deren kommerzielle Nutzung nicht die Rechte Dritter verletzt. Mit anderen Worten: Nur weil ein Erfinder ein Patent für eine Erfindung bekommen hat, bedeutet das nicht, dass er seine Erfindung auch kommerziell nutzen darf. Das mag auf den ersten Blick unerwartet erscheinen, ist aber bei genauerer Betrachtung nachvollziehbar.

4.2.2 Patent ja, aber FTO nein?

Wie kann es sein, dass ein Patentinhaber nicht frei darin ist, seine Erfindung kommerziell zu verwerten, obwohl er mit dem Patent ein offizielles Monopol auf seine Erfindung hat?

Hier hilft es, sich daran zu erinnern, wofür Patente erteilt werden: Um patentierbar zu sein, muss eine Erfindung technisch, gewerblich anwendbar, neu und erfinderisch sein. Technizität und gewerbliche Anwendbarkeit werden für die folgenden Überlegungen einmal als gegeben angenommen. Neu ist etwas, das zumindest in einem Merkmal von dem abweicht, das aus dem Stand der Technik bekannt ist. Bei der erfinderischen Tätigkeit geht es darum, ob diese Unterschiede zum nächstliegenden Stand der Technik so naheliegend sind, dass der Fachmann ausgehend vom ähnlichstem Stand der Technik – dem nächstliegenden Stand der Technik – ohne erfinderische Tätigkeit zur Erfindung hätte gelangen können (für eine detailliertere Erklärung siehe ▶ Abschn. 2.1.2 für Neuheit und 2.1.3 für erfinderische Tätigkeit).

Ein hypothetisches Beispiel rund um die bereits erwähnte PCR: Das erste PCR-Patent von Anmelder A konnte sehr breit sein und konnte jeden PCR-Prozess umfassen – unabhängig davon, welchem spezifischen Zweck er dient. Das heißt, dass grundsätzlich jede Art PCR unter dieses sogenannte Basispatent von Anmelder A fällt. Später erkannte aber ein zweiter Erfinder, dass per PCR-Verfahren auch schnelle Vaterschaftstests möglich sind. In seiner Patentanmeldung offenbarte er eine Kombination verschiedener Gene, die sich dafür als erfolgreich erwiesen hatten. Für diese PCR-basierte Erfindung erhält Erfinder B ein Patent, denn diese Anwendung ist neu und lag laut Stand der Technik nicht nahe. Also: Wer darf nun – ohne Abschluss irgendwelcher Lizenzvereinbarungen – Vaterschaftstests kommerziell anbieten?

Die Antwort: Weder A, noch B. Möchte B seine Erfindung kommerziell nutzen, fällt er unter das breite Basispatent von A, dass jegliche Anwendung der PCR umfasst – somit auch den Vaterschaftstest von B. A kann somit B verbieten, den Test anzubieten. Möchte dagegen A den Vaterschaftstests anbieten, fällt er in den Schutzbereich des Patents von Anmelder B. Nun ist B derjenige, der die Nutzung untersagen kann (◘ Abb. 4.1).

Ein erteiltes Patent kann quasi als aufgespannter Schirm verstanden werden, der einen bestimmten Schutzbereich abdeckt. Jede kommerzielle Anwendung, die unter einen bestimmten Schirm fällt, benötigt vom Inhaber des entsprechenden Patents eine Lizenz. Häufig gibt es aber nicht nur ein Patent für einen bestimmten Bereich, sondern mehrere

◻ Abb. 4.1   Konzept übergeordneter Rechte: Jeder Schirm steht für den Schutzbereich eines Patents

oder auch sehr viele. Die ältesten Patente sind dabei üblicherweise die breitesten, in deren Schutzbereich engere, später eingereichte und erteilte Patente fallen.

In ◻ Abb. 4.1 hängt zum Beispiel die Erfindung von Patent C von den Erfindungen der Patente A und B ab, denn die Schirme A und B überragen Schirm C. Soll also die Erfindung von Patent C vermarktet werden, muss vorher von den Inhabern der Patente A und B eine Lizenz genommen werde. Die Erfindung des Patents D fällt indessen nur unter den Schutz von Patent A, sodass bei einer wirtschaftlichen Verwertung von Erfindung D nur vom Inhaber A eine Lizenz nötig ist. Einzig die Erfindung von Patent E aus ◻ Abb. 4.1 hat FTO und lässt sich somit ohne Lizenz vermarkten.

> **⟫ Erteilte Patente sind nur ein Verbietungsrecht – das heißt, dass die Inhaber anderen verbieten können, die patentierten Erfindungen zu nutzen. Das heißt aber nicht zwangsweise, dass der Patentinhaber frei darin ist, seine Erfindung kommerziell zu nutzen darf.**

Wer versucht zu klären, ob ein bestimmtes Produkt FTO hat, sollte immer auch bedenken, dass Patentschutz üblicherweise 20 Jahre nach dem Anmeldetag erlischt. Auch eventuell problematische Patente gelten also nicht ewig, sondern nur für eine begrenzte Zeit. Bildlich gesprochen: Ein einmal aufgeklappter Schirm geht nach üblicherweise spätestens 20 Jahren wieder zu. Ist zum Beispiel die Laufzeit für die Erfindung aus Patent A in ◻ Abb. 4.1 abgelaufen, hat Erfindung B FTO und quasi Marktfreiheit.

Da es aber zum Beispiel lange dauert, Medikamente zu entwickeln, ist es oft problemlos, wenn zu Beginn der Arbeiten an einem bestimmten Projekt noch ein übergeordnetes Patent existiert, unter das das neu zu entwickelnde Produkt fallen könnte. Sofern die Patentlaufzeit nicht über einen geplanten Markteintritt hinausgeht, braucht es keine Lizenz: ein neues Medikament zu entwickeln, verletzt ein Patent nicht – selbst dann nicht, wenn damit die Experimente gemacht werden, die für eine Marktzulassung notwendig sind. Bei Medikamenten umfasst das in der Regel sowohl die präklinischen Experimente, als auch die klinischen Studien. Ist das übergeordnete Patent abgelaufen, kann das neue Medikament patentrechtlich bedenkenlos auf den Markt kommen. Wären die für eine

Medikamentenzulassung notwendigen Experimente nicht frei von patentrechtlichen Auflagen, würde die Patentlaufzeit von 20 Jahren bei zulassungsbeschränkten Produkten faktisch verlängert werden: Dürfte das aufwendige Zulassungsverfahren für Medikamente erst nach Ablauf aller Patente durchlaufen werden, kämen Generika erst wesentlich später auf den Markt. Das ist aus Sicht der Allgemeinheit nicht sinnvoll – mit Ablauf der Patentlaufzeit soll es Mitstreitern unmittelbar möglich sein, ihre Produkte auf den Markt zu bringen.

4.2.3 Schwierigkeiten bei der Recherche

Wie aber lassen sich relevante Patentdokumente aufstöbern? In ▶ Abschn. 4.3 sind einige Patentdatenbanken aufgeführt, die dafür herangezogen werden können. Hier soll es aber vorab darum gehen, auf welche Schwierigkeiten die Recherche stoßen kann, denn wer um die Probleme weiß, kann Ergebnisse besser einschätzen und Maßnahmen ergreifen, um die Auswirkungen möglichst gering zu halten. Los geht's.

■ **Der Ausgang des Erteilungsverfahrens ist unklar**

Die Dokumente, die eine Patentrecherche zutage fördert, können zum Beispiel recht jung sein und sich in einem mehr oder weniger frühen Stadium des Erteilungsverfahrens befinden. Dann ist es häufig schwer abzuschätzen, ob aus der Anmeldung überhaupt je ein erteiltes Patent hervorgehen wird – und, falls ja, mit welchem Schutzumfang. Üblicherweise werden Patentanmeldungen sehr breit eingereicht, sodass die Ansprüche einen breiten Schutzumfang abdecken. Zwar wird der Schutzumfang im Erteilungsverfahren entsprechend dem Stand der Technik eingeschränkt, aber das bedeutet kein Problem für die Recherchen zum Stand der Technik: Hierbei geht es nur um den in diesen Dokumenten offenbarten Inhalt – unabhängig davon, ob er patentiert ist oder nicht.

Bei FTO-Recherchen dagegen sind solche Anmeldungen im Erteilungsverfahren schwierig zu bewerten, denn nur der Schutzumfang des erteilten Patents ist für die FTO-Frage relevant. Wie der aber aussehen wird, lässt sich schwer vorhersagen. Ein Produkt, das womöglich unter die breiten Ansprüche einer Anmeldung fällt, steht vielleicht nicht mehr unter dem eventuell viel engeren Schutzumfang der erteilten Ansprüche. Wie also sind solche Patentanmeldungen zu bewerten?

Schlecht wäre es jedenfalls, diese Anmeldungen einfach zu ignorieren und zu hoffen, dass die eventuell eines Tages erteilten Ansprüche so beschränkt werden, dass das eigene Produkt nicht mehr in den Schutzumfang fällt. Zumindest sollte diese Anmeldung beobachtet werden: Das heißt, in regelmäßigen Abständen nachzuschauen, wie der Stand des Verfahrens ist und ob der Schutzumfang bereits eingeschränkt wurde. Manche Datenbanken bieten auch den Service von automatischen E-Mail-Benachrichtigungen bei Änderungen im Verfahrensstand. Allerdings können sich Patentverfahren über viele Jahre hinziehen und es ist wichtig, in einem möglichst frühen Stadium einer Produktentwicklung zu wissen, ob das Produkt FTO hat oder nicht. Der Grund: Nicht selten ist es am Anfang eines Projekts noch möglich, das Produkt so zu ändern, dass es ein bereits erteiltes oder möglicherweise in Zukunft erteiltes Patent umgeht. Je später solche Änderungen durchgeführt werden müssen, umso teurer und zeitaufwendiger sind sie.

Der aktuelle Verfahrensstand kann in der jeweiligen Online-Akte beim Patentamt eingesehen werden. Dort sind alle Verfahrensdokumente hinterlegt, die –

hoffentlich – eine Idee vermitteln, in welche Richtung das Erteilungsverfahren geht, und andeuten, wie breit möglicherweise erteilte Ansprüche sein könnten. Wie diese Online-Akteneinsicht funktioniert, ist in ▶ Abschn. 4.3 beschrieben. Zusätzlich bietet sich bei wirklich kritischen Patentanmeldungen Dritter eine Recherche zum Stand der Technik für diese Patentanmeldung an. Findet sich ein älterer Stand der Technik, der einen breiten Anspruch oder zumindest bestimmte Ausführungsformen dieser Patentanmeldung bereits offenbart, schränkt das den möglichen Schutzumfang eines aus einer Anmeldung möglicherweise hervorgehenden Patentes ein: Umso stärker der gefundene Stand der Technik (also umso offensichtlicher ein Dokument neuheitsschädlich ist), desto größer die Wahrscheinlichkeit, dass aus der zu beobachtenden Patentanmeldung kein valides Patent erteilt werden kann, das problematisch für das eigene Produkt werden könnte. Sollte der Patentprüfer diesen Stand der Technik im Erteilungsverfahren nicht berücksichtigen, kann das Dokument als „Einwand Dritter" von Außenstehenden ins Verfahren eingebracht werden oder aber – falls ein entsprechendes Patent erteilt wird – im Rahmen eines Einspruchs nach Patenterteilung (▶ Abschn. 8.3).

■ **Die Veröffentlichung von Anmeldungen erfolgt erst nach 18 Monaten**

Patentanmeldungen werden normalerweise erst 18 Monate nach dem Einreichen veröffentlicht. Davor sind sie bei einer Recherche nicht auffindbar. Das heißt, dass es bei jeder Recherche einen nicht erfassbaren Zeitraum gibt, der die letzten 18 Monate enthält. Sinnvollerweise werden FTO-Recherchen also zu späterer Zeit wiederholt, um auch Patentanmeldungen zu erfassen, die zwar zum Zeitpunkt der ersten Recherche eingereicht, aber noch nicht veröffentlicht waren. Meistens wird dafür allerdings nicht die vollen 18 Monate gewartet, sondern immer wieder mal zwischendurch recherchiert.

■ **Die Sprachen sind vielfältig**

Nationale Patentanmeldungen werden üblicherweise in der beziehungsweise einer der Amtssprachen des jeweiligen Landes veröffentlicht. Internationale Anmeldungen (▶ Abschn. 7.3.2) können zurzeit sogar in zehn Sprachen veröffentlicht werden: Arabisch, Chinesisch, Englisch, Französisch, Deutsch, Japanisch, Koreanisch, Portugiesisch, Russisch und Spanisch. Darüber hinaus veröffentlicht zumeist jedes nationale Patentamt in (einer) seiner Amtssprache(n). Ob ein Dokument schädlich für die Neuheit oder die erfinderische Tätigkeit ist, hängt in den meisten Rechtssystemen nicht von der Sprache ab, in der der Stand der Technik abgefasst ist. Das heißt, eine auf Chinesisch abgefasste Patentanmeldung ist für eine EP-Anmeldung ebenso Stand der Technik wie eine wissenschaftliche Publikation auf Arabisch. Manchmal enthalten nicht-englischsprachige Patentanmeldungen zumindest eine Zusammenfassung auf Englisch – allerdings gibt die oft nur grob an, worum es in der Erfindung geht. Der entscheidende Rest ist meistens nur in der jeweiligen Originalsprache erhältlich. Eine Recherche in fremdsprachlichen Dokumenten kann also wegen der Sprachbarriere ziemlich schwierig sein.

Um das Ausmaß dieses Problems zu verdeutlichen, liefert die Weltorganisation für geistiges Eigentum (World Intellectual Property Organization, WIPO) interessante Zahlen [3]. Im Jahr 2015 wurden weltweit 2,9 Millionen Patente angemeldet: knapp 43 Prozent beim chinesischen, 10 Prozent beim japanischen und 7 Prozent beim koreanischen Patentamt – auf Chinesisch, Japanisch und Koreanisch. Mehr als die Hälfte aller weltweit neu eingereichten Patentanmeldungen wurde also in Sprachen eingereicht, die üblicherweise nur wenige Europäer sprechen.

Deswegen alle Sprachen zu lernen, ist nicht praktikabel. Einen Ansatz zur Abhilfe bieten bestimmte kostenpflichten Datenbanken, bei denen Mitarbeiter von Hand von einem nicht-englischen Patentdokument eine englischsprachige, umfangreiche Zusammenfassung erstellen, die dann durchsuchbar ist. Wer vermutet, dass der relevanter Stand der Technik vor allem in einer bestimmten Sprache abgefasst sein könnte, weil ein bestimmtes Land auf diesem Gebiet eine führende Rolle spielt, kann auch Dienstleister beauftragen, die über die nötige Sprachkenntnis verfügen. Auf die eine oder andere Weise wird zwar immer noch nicht alles erfasst, aber hoffentlich zumindest das Wichtigste.

■ **Synonyme in der gleichen Sprache bereiten Probleme**

Selbst wenn das Problem der verschiedenen Sprachen außer Acht gelassen wird, so können auch innerhalb einer Sprache verschiedene Begriffe den gleichen Gegenstand bezeichnen. Beispiel: das Schmerzmittel Aspirin®. Chemisch ist das 2-(Acetyloxy)benzoesäure, aber auch die Begriffe o-Acetylbenzoesäure, Acetsalicylsäure, Essigsäuresalicylester oder Essigsalicylsäure beschreiben den Wirkstoff – und diese Aufzählung ist bei Weitem noch nicht vollständig. Außerdem kann über Aspirin® geschrieben werden, ohne überhaupt ein Wort dafür zu verwenden, indem nämlich lediglich die entsprechende chemische Strukturformel gezeigt wird. Werden bei der Suche ausschließlich Suchbegriffe eingesetzt, werden solche Dokumente nicht gefunden. Wer bei seiner Recherche nur einen Begriff verwendet, wird deshalb auch nur einen Teil des Stands der Technik finden, der im Zusammenhang mit Aspirin® relevant ist. Manche Datenbanken – gerade auch solche, die an akademischen Forschungseinrichtungen verfügbar sind wie zum Beispiel SciFinder® – bieten die Möglichkeit, auch nach chemischen Strukturen zu suchen. Idealerweise werden solche Strukturrecherchen zusammen mit einer Stichwortrecherche durchgeführt, um eine möglichst umfassende Trefferliste zu erhalten. Bei der Stichwortrecherche ist es wichtig, alle möglicherweise relevanten Synonyme zu suchen.

Ein weiteres Problem kann entstehen, wenn sich in einem bestimmten Forschungsgebiet noch keine von allen Forschern allgemein akzeptierten Begrifflichkeiten durchgesetzt haben und quasi jede Arbeitsgruppe beziehungsweise jedes Institut eine eigene Terminologie verwendet. Das heißt, dass unterschiedliche Personen den gleichen Sachverhalt mit ganz anderen Worten beschreiben. In solchen Fällen sollte bei der Suche nach Stichworten kreativ vorgegangen werden. Um die Recherche möglichst umfangreich zu gestalten, ist es auch möglich, zunächst nur mit einem ersten kleinen Satz an Stichwörtern loszulegen und dann die erhaltenen Treffer auf eventuell dort zusätzlich verwendete Begriffe zu untersuchen und die Recherche damit zu erweitern.

Eine weitere Hilfe, um die Begriffsvielfalt erfassen zu können, bieten verschiedene Patentklassifikationssysteme, bei denen Erfindungen einer bestimmten Patentklasse zugeteilt werde (▶ Abschn. 6.2.1). Zwar wird es meist nicht möglich sein, wirklich alle Dokumente aus einer Patentklasse durchzuschauen. Dennoch lassen sich innerhalb einer Klasse oft bestimmte Einschränkungen vornehmen, sodass sich eine zu bewältigende Menge an Dokumenten ergibt. Das Problem hierbei: unterschiedliche Länder verwenden unterschiedliche Klassifikationssysteme, die im Laufe der Zeit außerdem Änderungen durchlaufen. Die Folge: wird zum Beispiel nur mit der aktuellen Patentklasse gesucht, die aber bis vor 5 Jahren noch anders hieß, werden Patentdokumente, die älter als 5 Jahre sind, nicht gefunden.

Die Verwendung unterschiedlicher Begriffe für einen Gegenstand ist allerdings nicht nur für die Recherche ein Problem. Auch bei der Bewertung von Treffern aus einer

FTO-Recherche kann dies dazu führen, den Schutzumfang eines Patents eventuell falsch zu verstehen: Enthält ein Patentanspruch andere Begriffe als die, die man selbst benutzen würde, um die Erfindung zu beschreiben, wird womöglich ein Patent fälschlicherweise als nicht problematisch für die Vermarktung der eigenen Erfindung eingeschätzt. Man sollte also einen Anspruch nicht vorschnell als irrelevant einordnen, sondern gewillt sein, die Erfindung zu verstehen und sich fragen, was genau gemeint ist.

Recherchen können nie allumfassend sein

Eine Patentrecherche kann nie mit letzter Gewissheit ausschließen, dass wirklich alles gefunden und nichts Relevantes übersehen wurde, denn die Zeit dafür ist in der Regel begrenzt. Wer die beschriebenen Schwierigkeiten bei der Recherche beachtet, sollte jedoch zumindest die meisten relevanten Treffer finden. Für Recherchen wird oft auf interne oder externe professionelle Rechercheure zurückgegriffen, die umfangreiche Erfahrung in der Patentrecherche haben und daher eine an die spezielle Fragestellung angepasste Suchstrategie entwickeln können. So sinkt das Risiko, wichtige Ergebnisse nicht zu finden. Absolute Gewissheit wird es aber auch hier nicht geben können.

4.3   Hilfreiche Links

- **Patentdatenbanken**

Patentdokumente lassen sich allgemein mit Google finden. Daneben gibt es aber auch eine spezielle kostenlose Suchfunktion für Patente, Google Patents (https://patents.google.com/). Die wahrscheinlich am häufigsten in Europa verwendete, frei zugängliche Patentdatenbank für Patentrecherchen ist Espacenet. Sie ist unter verschiedenen URLs erreichbar, unter anderem https://worldwide.espacenet.com/. Diese Datenbank des EPA umfasst mehr als 95 Millionen Patentdokumente aus der ganzen Welt. Man kann dort gezielt nach bestimmten Parametern suchen – nicht nur nach spezifischen Stichworten für ein wissenschaftliches Gebiet, sondern über die erweiterte Suche auch nach Erfindern, Patentinhabern oder Zeiträume der Veröffentlichung. Wer auf der Homepage des EPA (www.epo.org) nach „Espacenet" sucht, wird außerdem praktische Tipps und Webinare finden, wie die Datenbank zu benutzen ist. Das DPMA bietet mit DEPATISnet (https://www.dpma.de/patent/recherche/) und die WIPO mit Patentscope (https://patentscope.wipo.int/search/de/search.jsf) ebenfalls recht umfangreiche kostenlose Datenbanken an. Mehr oder weniger jedes nationale Patentamt bietet zudem die Möglichkeit, zumindest die von diesen Ämtern veröffentlichten Patentdokumente zu finden.

Zudem gibt es etliche kommerzielle Datenbanken, die komfortablere oder komplexere Suchen ermöglichen. Diese sind allerdings in der Regel nur gegen Zahlung einer jährlichen Gebühr zugänglich. Wer dagegen ein deutsches Patentinformationszentrum in der Nähe hat, kann dort meistens kostenlos oder gegen eine geringe Gebühr sogenannte Eigenrecherchen in diesen sonst gebührenpflichtigen Datenbanken durchführen. Eine Übersicht über die deutschen Patentinformationszentren gibt es hier: http://www.piznet.de/. Eine europaweite Übersicht mit der Möglichkeit, sich über die jeweiligen Angebote zu informieren, ist hier zu finden: http://www.epo.org/searching-for-patents/helpful-resources/patlib/

directory_de.html (beziehungsweise durch Suche auf der EPA-Homepage www.epo.org nach „*patent information centres*", nur auf Englisch verfügbar).

- **Online-Einsicht in Patentakten**

Wer wissen möchte, wie der Verfahrensstand bei einer Patentanmeldung ist, kann sich bei den meisten Patentämtern online die jeweilige Akte anzeigen lassen, sobald die Patentanmeldung veröffentlicht wurde. Die Akte enthält alle Dokumente aus dem Verfahren, sowohl die vom Patentamt selbst als auch die vom Anmelder. Für EP-Anmeldungen und EP-Patente erfolgt der Zugang zum EP-Register über https://register.epo.org/regviewer?lng=de oder aber über Espacenet, zum Beispiel über Eingabe einer Veröffentlichungsnummer und dann über den Link „EP Register" zu der entsprechenden Seite. Über den Link „Alle Dokumente" ist eine Liste mit allen Dokumenten zu dieser Patentanmeldung erhältlich. Diese lassen sich dann entweder direkt anklicken oder können durch Setzen von Häkchen vor den Einträgen und klicken auf „Ausgewählte Dokumente" heruntergeladen werden.

Das entsprechende Portal des USPTO heißt Public Pair und ist über die Seite https://portal.uspto.gov/pair/PublicPair zu erreichen. Bei Eingabe der Patentnummer ist es wichtig, das richtige Feld zu aktivieren, denn wird statt einer Anmeldenummer zum Beispiel die Veröffentlichungsnummer eingegeben, wird kein Ergebnis gefunden. Im Zweifel hilft es, alle Möglichkeiten durchzuprobieren. Stimmt das Format, lassen sich über den Reiter „Image File Wrapper" alle Dokumente zu dieser Patentanmeldung/ diesem Patent einsehen und herunterladen.

Literatur

1. Fore J, Wiechers IR, Cook-Deegan R (2006) The effects of business practices, licensing, and intellectual property on development and dissemination of the polymerase chain reaction: case study. J Biomed Discovery Collaboration 1:7. https://doi.org/10.1186/1747-5333-1-7
2. http://www.post-it.com/3M/en_US/post-it/contact-us/about-us/
3. WIPO: IP Facts and Figures. http://www.wipo.int/ipstats/en/charts/ipfactsandfigures2016.html. Zugegriffen: 26. Apr. 2018

Wem gehört eine Erfindung?

Und wenn nicht dem Erfinder, wem dann und warum?

© Springer-Verlag GmbH Deutschland, ein Teil von Springer Nature 2018
S. Vorwerk, *Schritt für Schritt zum Patent*,
https://doi.org/10.1007/978-3-662-55966-6_5

Wem könnte eine Erfindung grundsätzlich gehören? Dem Erfinder? Oder vielleicht dem Arbeitsgruppenleiter? Womöglich auch dem Arbeitgeber beziehungsweise der Forschungseinrichtung, für die diese arbeiten? Oder doch eher der Allgemeinheit, mit deren Steuergeldern zumindest im akademischen Bereich häufig die Forschung dafür bezahlt wurde? Manche Länder haben hierauf einfache, klare Antworten gefunden, wie zum Beispiel in den USA, siehe ▸ Abschn. 5.1. Andere Länder dagegen haben komplexe Regelwerke geschaffen, die zwar vermeintlich alles regeln, aber nicht unbedingt zu mehr Klarheit für Erfinder und Arbeitgeber führen. Ein Streitpunkt ist zum Beispiel gerne die Vergütung für den Erfinder. Dieses Kapitel ist aber nicht nur deshalb interessant, weil es ums Geld geht, sondern auch, weil jeder angestellte Forscher in Bezug auf Erfindungen bestimmte Rechte hat, aber auch Pflichten. Diese einzuhalten geht nur beziehungsweise besser, wenn diese Pflichten auch bekannt sind – weiterlesen hilft also, bewusste oder unbewusste Verstöße gegen arbeitsrechtliche Vorgaben zu vermeiden.

5.1   Erfindungen von Arbeitnehmern – Kollision von Rechten

Für eine Antwort auf die Frage nach dem Inhaber der Rechte an einer Erfindung bietet sich ein Blick in den ersten Satz von Art. 60 EPÜ an. Der lautet passenderweise „Recht auf das europäische Patent":

Das Recht auf das europäische Patent steht dem Erfinder oder seinem Rechtsnachfolger zu.

Hiernach ist es relativ einfach: Der Erfinder hält die Rechte an der Erfindung oder – sofern er seine Rechte daran beispielsweise verschenkt, verkauft oder vererbt hat – der Beschenkte, Käufer oder Erbe. Doch leider ist das nur ein Teil der Antwort. Was auf den ersten Blick einfach aussieht, ist in der Realität meistens wesentlich komplexer. Die Schwierigkeit liegt darin, dass die wenigsten Erfindungen in der heimischen Garage oder im Keller von einem Privaterfinder gemacht werden. Heutzutage werden die meisten Erfindungen von Arbeitnehmern im Rahmen ihrer beruflichen Tätigkeit gemacht. Sie sind somit Ergebnisse der Arbeit, für die der Angestellte seinen Lohn erhält. Es handelt sich also um Arbeitsergebnisse. Aus arbeitsrechtlicher Sicht stehen diese aber üblicherweise dem Arbeitgeber zu. Das führt zu einem Problem, denn bei solchen Erfindungen widersprechen sich zwei Gesetzeswerke: Laut Arbeitsrecht hat der Arbeitgeber das Recht an den Arbeitsergebnissen und somit auch an den während der Arbeitszeit entstandenen patentfähigen Erfindungen seiner Arbeitnehmer. Laut Patentrecht liegt das Recht an einem Patent (und somit auch der Erfindung) dagegen beim Erfinder – unabhängig davon, ob er die Erfindung im Rahmen seines Arbeitsverhältnisses oder innerhalb seiner Freizeit im heimischen Keller gemacht hat.

Eine Auflösung dieses Konfliktes liefert in Deutschland das Arbeitnehmererfindergesetz, in der Schweiz das Obligationengesetz und in Österreich das Patentgesetz. Und auch außerhalb des deutschsprachigen Raumes gibt es entsprechende Regelungen. Häufig, wie zum Beispiel in den USA, geben Mitarbeiter jedoch bereits im Rahmen ihres Arbeitsvertrages die Rechte an allen im Verlauf des Beschäftigungsverhältnisses entstehenden Erfindungen an den Arbeitgeber ab. Somit gibt es keine weitere Vergütung im Erfindungsfall. Das Argument dafür ist, dass der Arbeitnehmer für seine Leistung bereits ein Gehalt erhält und damit alle Ansprüche abgegolten sind. Dieses Verfahren ist für den Arbeitgeber zeitsparend und kostengünstig – aber durchaus unbefriedigend für den erfinderischen Arbeitnehmer., schließlich besteht kein Anreiz für erfinderische Aktivitäten. Um Mitarbeiter dennoch zu mehr Erfindungen anzuspornen, kann der Arbeitgeber natürlich freiwillig Prämien für Erfindungen zahlen, die für das Unternehmen wertvoll sind.

In den Ländern, in denen keine zusätzliche Erfindervergütung gesetzlich vorgesehen ist und es vom Arbeitgeber auch keine Prämien gibt, bleibt zumindest ein Trost: Der Erfinder hat immer das Recht, als Erfinder auf einer Patentanmeldung und einem Patent genannt zu werden, die rechtliche Grundlage im EPÜ findet sich in Art. 62. Auch in anderen Rechtssystemen gibt es entsprechende Regelungen. Das heißt, dass auf jeder Veröffentlichung – sowohl der Patentanmeldung als auch dem hoffentlich irgendwann erteilten Patent – der oder die Erfinder aufgeführt sein müssen. Dieses Recht kann einem Erfinder nicht genommen werden. Einzig dann, wenn der Erfinder schriftlich dem EPA mitteilt, dass er auf das Recht auf Nennung verzichtet, werden die Veröffentlichungen diesen speziellen Erfinder nicht nennen (siehe R. 20(1) EPÜ). Sollte ein Erfinder, entweder aus Versehen oder aber aus böser Absicht, vom Anmelder nicht benannt worden sein, kann er eine Korrektur verlangen (Regel 21 EPÜ).

Da das Thema Arbeitnehmererfindungen von Land zu Land unterschiedlich gehandhabt wird, wird im Folgenden auf die rechtlichen Grundlagen von Erfindungen durch Arbeitnehmer in der Schweiz, in Österreich und in Deutschland detaillierter eingegangen.

5.2 Erfindungen schweizerischer Arbeitnehmer

In der Schweiz wird das Thema Arbeitnehmererfindungen in den entsprechenden Gesetzestexten erfreulich kurz abgehandelt: Nur ein Artikel des Obligationenrechts (OG), das Schuldverhältnisse aller Art regelt, beschäftigt sich mit Arbeitnehmererfindungen (siehe Art. 332 OG).

Grundsätzlich werden in der Schweiz Arbeitnehmererfindungen in drei verschiedene Gruppen aufgeteilt: in Diensterfindungen, Gelegenheitserfindungen und freie Erfindungen. Alle drei Gruppen haben gemein, dass die Erfindungen während eines Arbeitsverhältnisses fertiggestellt werden müssen. Entstehen sie außerhalb eines Arbeitsverhältnisses, liegt keine Diensterfindung vor und der Erfinder kann frei über sie verfügen. In diesem Fall gilt also nur die patentrechtliche Vorgabe, dass der Erfinder das Recht an seiner Erfindung hat.

Als Diensterfindungen gelten alle Erfindungen, die ein Arbeitnehmer bei Ausübung seiner dienstlichen Tätigkeit und *in Erfüllung seiner vertraglichen Pflichten* macht beziehungsweise bei denen er mitwirkt, falls mehrere Erfinder beteiligt sind. Eine Diensterfindung gehört dann automatisch dem Arbeitgeber und dieser schuldet dem Erfinder hierfür keinerlei Vergütung, denn für die vertraglichen Pflichten erhält der Arbeitnehmer bereits den vertraglich vereinbarten Lohn. Der Arbeitnehmererfinder hat in einem solchen Fall nur das bereits oben beschriebene Recht auf namentliche Nennung als Erfinder. Allerdings ist der Arbeitgeber nicht verpflichtet, die Erfindung auch zum Patent anzumelden, sodass der Erfinder im schlechtesten Fall nicht nur keine Vergütung für seine Leistung erhält, sondern auch nicht von der Veröffentlichung seines Namens als Erfinder profitieren kann.

Eine Gelegenheitserfindung ist dagegen eine Erfindung, die zwar während der Arbeitszeit entstanden ist, aber *nicht* in Erfüllung vertraglicher Pflichten. Zwischen einer Diensterfindung und einer Gelegenheitserfindung zu differenzieren, kann unter Umständen schwer sein: Bei besonders qualifizierten Mitarbeitern, die ein höheres Gehalt bekommen und mehr Verantwortung tragen, können die vertraglichen Pflichten auch solche Aufgaben einschließen, die über „die üblichen Tätigkeiten" hinausgehen.

Ob eine Arbeitnehmererfindung als Diensterfindung oder Gelegenheitserfindung gilt, hat indes eine signifikante Bedeutung für die jeweiligen Erfinder: Während bei der Diensterfindung der Arbeitgeber die Rechte an der Erfindung hält, liegen sie bei einer Gelegenheitserfindung beim Erfinder selbst. Der Arbeitgeber kann sich jedoch schriftlich – etwa im Rahmen des Arbeitsvertrags – das Recht geben lassen, die Gelegenheitserfindungen des Mitarbeiters erwerben zu dürfen. Das bedeutet dann aber, dass der Arbeitgeber, sofern er von seinem Recht zum Erwerb Gebrauch machen möchte, den Arbeitnehmer für diese Erfindung angemessen zu vergüten hat. Zur Erinnerung: Bei einer Diensterfindung erhält der Erfinder keinerlei Vergütung. Finanziell ist es für den Erfinder somit vorteilhaft, wenn die Erfindung als Gelegenheitserfindung betrachtet wird statt als Diensterfindung.

Zu dem, was eine „angemessene" Vergütung für die Erfindung darstellen könnte, gibt es wenig Anhaltspunkte. Allerdings muss der Arbeitgeber einen „marktüblichen" Preis entrichten. Er erhält gegenüber anderen Interessenten an der Erfindung also keinerlei Vorteil. Ein Arbeitnehmererfinder kann nicht schlechter von seinem Arbeitgeber für seine Erfindung bezahlt werden als ein freier Erfinder, der seine Erfindung auf dem freien Markt einem Interessenten anbietet. Hilfreich bei der Preisfindung kann zum Beispiel die „Lizenzanalogie" sein. Hierbei werden Lizenzzahlungen auf dem freien Markt für vergleichbare Erfindungen als Maßstab verwendet. Für die Bemessung der Vergütung sind aber natürlich die potenziellen Marktchancen für die Erfindung einzubeziehen und Ereignisse in der Zukunft sind naturgemäß schwer vorhersagbar. Diese Ungewissheit kann eine Einigung zwischen Erfinder und Arbeitgeber unter Umständen erschweren.

Falls keine Regelung zur Anbietung von Gelegenheitserfindungen vorliegt, ist diese frei. Das heißt, der Arbeitnehmererfinder kann selbst entscheiden, wie er die Erfindung nutzt – er darf dadurch nur nicht zur Konkurrenz für seinen Arbeitgeber werden.

Unklar ist allerdings, wie schnell der Arbeitnehmererfinder seine Erfindung dem Arbeitgeber schriftlich melden muss. Lediglich die Zeit, innerhalb derer der Erfinder eine ebenfalls schriftliche Antwort vom Arbeiter erhalten muss, wurde gesetzlich auf sechs Monate festgelegt.

Die letzte Gruppe sind die sogenannten freien Erfindungen. Sie sind außerhalb der vertraglich festgelegten Tätigkeit entstanden und haben keinen sachlichen oder inhaltlichen Bezug zum Arbeitsverhältnis. Hierbei liegen alle Rechte beim Arbeitnehmererfinder – aber dem ist es natürlich freigestellt, seine Erfindung dem Arbeitgeber anzubieten.

Bei freien Erfindungen gilt anders als bei den Gelegenheitserfindungen das Konkurrenzverbot nicht: Der Arbeitnehmer könnte sein Beschäftigungsverhältnis kündigen und sich mit seiner Erfindung selbständig machen – selbst dann, wenn dies zu einer Konkurrenzsituation mit dem ehemaligen Arbeitgeber führt.

Da es wenige gesetzliche Regelungen für Arbeitnehmererfindungen in der Schweiz gibt, ist ein Nicht-Einhalten von Bestimmungen durch beide Parteien – Arbeitnehmererfinder und Arbeitgeber – vergleichsweise schwierig. Umgekehrt macht genau dies das Thema Arbeitnehmererfindungen in der Schweiz vergleichsweise einfach.

5.3 Diensterfindungen in Österreich

Im Vergleich zur Schweiz ist in Österreich das Regelwerk zu Erfindungen von Dienstnehmern schon umfangreicher, weshalb dieses Buch nur auf die wesentlichen Aspekte eingehen kann. Die entsprechenden Normen sind in den Paragrafen 6 bis 19 des Österreichischen Patentgesetzes (ÖPatG) zu finden, bei denen man auch vom „Diensterfindungsrecht" spricht. Eventuelle Kollektivverträge können besondere Regelungen vorsehen, diese dürfen aber den Dienstnehmer nicht schlechter stellen als über das ÖPatG geregelt ist. Wichtig ist, dass diese Regelungen auch dann gelten, wenn das Dienstverhältnis, währenddessen die Diensterfindung erfolgt ist, beendet wurde. Der Österreicher könnte also sagen: einmal Diensterfindung, immer Diensterfindung (§ 16 ÖPatG)).

Grundsätzlich fallen nur patentierbare Erfindungen unter das Diensterfindungsrecht, aber keine sogenannten „Verbesserungsvorschläge", etwa das Optimieren bestimmter interner Abläufe. Hierfür können im Rahmen eines betrieblichen Vorschlagswesens durchaus auf freiwilliger Basis durch den Dienstgeber finanzielle Anreize vorgesehen sein, um die Kreativität der Mitarbeiter zu fördern. Die Paragrafen 6 bis 19 des ÖPatG sind hierauf allerdings nicht anwendbar.

Voraussetzung für das Vorliegen einer Diensterfindung ist auch in Österreich, dass eben diese Erfindung während eines Dienstverhältnisses gemacht wurde. Ob dafür tatsächlich irgendwann einmal ein Patent erteilt wird, ist für diese Einstufung unerheblich. Um unter das Diensterfindungsrecht zu fallen, muss eine Diensterfindung zusätzlich in das Arbeitsgebiet des Unternehmens fallen, in dem der Erfinder tätig ist – und mindestens eine folgender drei Voraussetzungen erfüllen (§ 7(3) ÖPatG):

a. Die Erfindung ist durch eine Tätigkeit entstanden, die zu den dienstlichen Obliegenheiten des Dienstnehmers gehört.

b. Der Dienstnehmer hat die Anregung zu der Erfindung durch seine Tätigkeit in dem Unternehmen erhalten.

c. Das Zustandekommen der Erfindung wurde durch im Unternehmen vorliegende Erfahrungen oder durch die Verwendung von im Unternehmen vorhandenen Hilfsmitteln erleichtert.

Ohne gesonderte Absprache gehört die Diensterfindung zunächst dem Erfinder. Allerdings kann sich der Dienstgeber die Rechte an der Erfindung oder aber zumindest ein Nutzungsrecht sichern – zum Beispiel über den Arbeitsvertrag. Dies kann auch in einem eventuell vorhandenem Kollektivvertrag festgehalten sein, sodass keine weitere vertragliche Regelung nötig ist. Sichert sich der Dienstgeber die Rechte an der Erfindung, heißt das, dass er allein über deren Nutzung verfügen kann. Sichert er sich nur ein Nutzungsrecht, kann der Erfinder die Erfindung zusätzlich auch selbst nutzen oder durch Dritte nutzen lassen. Üblicherweise werden sich Dienstgeber aber die Rechte an einer Diensterfindung sichern. Allein schon, um zu verhindern, dass von der im eigenen Unternehmen geschaffenen Erfindung Dritte – wohlmöglich Konkurrenten – profitieren.

Sichert sich der Dienstgeber schriftlich die Rechte an einer Diensterfindung oder auch nur ein Nutzungsrecht daran, muss der Dienstnehmer die Erfindung unverzüglich dem Dienstgeber melden (§ 12(1) ÖPatG). Versäumt er es, kann er gegenüber dem Dienstgeber schadensersatzpflichtig werden (§ 12(2) ÖPatG). Es ist also auf jeden Fall im Interesse des Erfinders, seine Erfindung zeitnah zu melden und sich den Erhalt der Meldung bestätigen zu lassen.

Der Dienstgeber muss daraufhin innerhalb von vier Monaten nach Erhalt der Erfindungsmeldung dem Dienstnehmer erklären, ob er die Erfindung in Anspruch nimmt. Er kann:

1. die Erfindung in Anspruch nehmen (entweder vollständig oder nur in Form eines Nutzungsrechtes),
2. dem Erfinder mitteilen, dass er die Erfindung nicht in Anspruch nimmt, oder
3. innerhalb der Frist von vier Monaten nicht reagieren – aus Desinteresse an der Erfindung oder aus Vergesslichkeit.

Im zweiten und dritten Fall bleiben die Rechte beim Erfinder, die Erfindung ist somit „frei" für ihn. Er kann also die Erfindung auf eigene Kosten zum Patent anmelden, sie gewerblich nutzen oder an Dritte lizensieren beziehungsweise verkaufen. Natürlich kann er auch einfach gar nichts damit machen. Das wirtschaftliche Risiko und die Kosten eines Patentverfahrens trägt in diesem Fall allein der Erfinder.

Nimmt jedoch der Dienstgeber die Erfindung in Anspruch (siehe Fall 1), steht dem Erfinder nach dem ÖPatG eine angemessene Vergütung zu (§ 8(1) ÖPatG). Ausnahme: Der Erfinder ist ausdrücklich für eine Erfindertätigkeit im Unternehmen eingestellt gewesen, er war tatsächlich mit Erfindungen beschäftigt und es war gerade diese Erfindungstätigkeit, die zu der besagten Erfindung geführt hat. In solchen Fällen steht dem Erfinder nur dann eine zusätzliche Vergütung zu, wenn er nicht schon durch sein höheres Gehalt eine entsprechende Vergütung erhält (§ 8(2) ÖPatG).

Für die Bestimmung der Höhe der Vergütung liefert § 9 ÖPatG einige Anhaltspunkte. Hiernach ist zu berücksichtigen, wie wirtschaftlich bedeutend die Erfindung für das Unternehmen ist und inwieweit diese sich im In- und Ausland verwerten lässt. Auch der Anteil, den Anregungen, Erfahrungen, Vorarbeiten oder Hilfsmittel des Unternehmens oder dienstliche Weisungen an der Erfindung hatten, fließt in die Bestimmung einer angemessenen Vergütung ein. Somit fällt die Vergütung umso geringer aus, je mehr der Erfinder bei seiner Erfindung von der Infrastruktur und dem innerbetrieblichen Fachwissen profitiert und desto expliziter er den Auftrag hatte, ein bestimmtes Problem zu lösen.

Es ist offensichtlich, dass sich diese vagen Anhaltspunkte nicht unbedingt eignen, um zu einer objektiven Vergütungshöhe zu kommen, die beide Parteien akzeptieren. Die einzubeziehenden Parameter sind viel zu subjektiv und Technologien häufig zu komplex, um den Wert einer Erfindung konkret zu beziffern. Nicht selten einigen sich Erfinder und Dienstgeber nicht über eine angemessene Vergütung, sodass diese Frage dann vor Gericht entschieden wird. Österreichische Gerichte indes ziehen in ihre Überlegungen gerne entsprechende Fälle aus Deutschland zu Rate: Hier scheint die Frage, wie eine angemessene Vergütung zu berechnen sei, zwar auf den ersten Blick etwas spezifischer geregelt – wer aber genau hinsieht, bemerkt auch hier einen nicht unerheblichen Interpretationsspielraum (▸ Abschn. 5.4.3).

Zusammengenommen ist dies für beide Seiten, Dienstgeber und Dienstnehmer, eher unbefriedigend. Für den Dienstgeber wäre es unter Umständen am einfachsten, sich vertraglich durch eine Einmalzahlung *vor* Entstehen einer Erfindung aus der Problemsituation freizukaufen. Das ist jedoch nicht erlaubt. *Nachdem* eine Erfindung gemacht wurde, können sich jedoch beide Seiten auf eine Einmalzahlung einigen. Das würde für den Dienstgeber den Verwaltungsaufwand gering halten und beiden Seiten bereits früh Klarheit über Kosten beziehungsweise Einnahmen verschaffen. Wichtig ist jedoch, dass der

Erfinder frei wählen kann, die Einmalzahlung anzunehmen oder nicht. Diese Vereinbarung darf dabei keine Rechte aufheben oder beschränken, die dem Erfinder nach dem ÖPatG zustehen.

Ändert sich die Einschätzung des Wertes einer Erfindung *wesentlich* – etwa weil ein entsprechendes Produkt viel erfolgreicher ist als ursprünglich erwartet –, so kann auf Antrag eines der Beteiligten die Höhe der Vergütung verändert werden. Das bedeutet, sie kann sich erhöhen, aber nicht verringern, denn sobald eine Vergütung an einen Dienstnehmer gezahlt wurde, kann diese nicht mehr zurückverlangt werden (§ 10(1) ÖPatG). Solch eine Anpassung ist auch dann möglich, wenn der Dienstgeber die Erfindung durch einen Dritten nutzen lässt und hierfür einen Erlös erzielt, der in einem auffälligen Missverhältnis zu der Vergütung steht, die der Dienstnehmer für seine Erfindung erhalten hat (§ 10(2) ÖPatG).

Was geschieht aber, wenn der Dienstgeber zwar die Erfindung in Anspruch nimmt, diese dann aber nicht oder nicht in vollem Umfang nutzt (oder durch Dritte nutzen lässt)? Dann hat die Erfindung keine oder nur eine wesentlich geringere wirtschaftliche Bedeutung als theoretisch möglich. Der Dienstgeber könnte argumentieren, dass dem Erfinder daraufhin keine oder nur eine niedrige Vergütung zusteht. So könnte der Dienstgeber verhindern, dass der Erfinder die Erfindung einem Konkurrenten anbieten kann, weil er sich selbst die Rechte an der Erfindung gesichert hat – und das praktisch ohne finanziellen Aufwand, weil er keine oder nur eine geringe Vergütung bezahlen muss.

In Österreich steht das Patentgesetz in diesem Fall klar auf der Seite des Dienstnehmers: Hängt die Vergütung von einer Nutzung der Erfindung durch den Dienstgeber ab – gab es also keine Einmalzahlung –, kann der Erfinder trotz Nichtbenutzung oder zu geringer Nutzung eine Vergütung in der Höhe verlangen, die bei einer angemessenen Nutzung zu erwarten gewesen wäre (§ 11(1) ÖPatG) . Der Berechnung liegt dann ein theoretischer Nutzen zugrunde – dessen Bestimmung noch schwieriger ist als die eines tatsächlichen Nutzens.

Möglich ist auch, dass der Dienstgeber zwar eine Erfindung zunächst in Anspruch nimmt, später aber ganz oder teilweise wieder auf seine Rechte an der Erfindung verzichtet. Geschieht das, kann der Erfinder verlangen, dass die Rechte (ganz oder teilweise) wieder an ihn zurückübertragen werden. Das heißt aber auch, dass er die Kosten für die übernommenen Patentanmeldungen/Patente selbst tragen muss, falls er diese weiterführen möchte. Von dem Zeitpunkt, an dem der Dienstgeber auf die Erfindung ganz oder teilweise verzichtet, verliert der Erfinder zudem ganz oder teilweise seinen Anspruch auf Vergütung. Die bis dahin angefallene Vergütung muss der Dienstgeber allerdings zahlen (§ 15 ÖPatG).

Das ÖPatG regelt in § 13 auch das Thema Geheimhaltung: Beide Parteien, Dienstnehmer und Dienstgeber, sind verpflichtet, über die Erfindung Stillschweigen zu wahren. Das soll unter anderem gewährleisten, dass die Erfindung noch zum Patent angemeldet werden kann und nicht durch eine eigene, frühere Offenbarung bereits zum Stand der Technik gehört. Sie wäre dann nicht mehr neu und ließe sich nicht mehr patentieren. Selbst falls die Erfindung eine freie Erfindung ist und somit alle Rechte beim Erfinder liegen, muss auch der Dienstgeber schweigen, damit dem Erfinder keine Nachteile entstehen. Sobald der Dienstgeber jedoch die Erfindung in Anspruch nimmt, liegen alle Rechte bei ihm und er kann frei entscheiden, was damit geschehen soll – natürlich auch, ob er die Erfindung geheim hält oder nicht.

Für den Erfinder wiederum gilt diese Geheimhaltungspflicht so lange, bis der Dienstgeber die gemeldete Erfindung ausdrücklich nicht in Anspruch nehmen möchte – oder aber vergessen hat, dem Erfinder rechtzeitig innerhalb der viermonatigen Frist auf seine Erfindungsmeldung eine Inanspruchnahme zukommen zu lassen. Er ist ebenfalls von der Geheimhaltung befreit, wenn der Dienstgeber zwar die Erfindung in Anspruch nimmt, aber selbst die Erfindung nicht mehr geheim hält. Nichtsdestotrotz kann auch sein Dienstvertrag den Erfinder verpflichten, keine firmeninternen Angelegenheiten mit Dritten auszutauschen. Ist das so, gilt die Pflicht zur Verschwiegenheit weiterhin.

Verstoßen Dienstgeber oder Dienstnehmer gegen ihre Pflicht zur Geheimhaltung und entsteht einer der Partei dadurch ein Schaden, hat der Geschädigte ein Recht auf Schadensersatz. Es ist also ratsam, der Geheimhaltung tatsächlich nachzukommen.

5.4   Arbeitnehmererfindungen in Deutschland

Unter den deutschsprachigen Ländern kennt Deutschland die umfangsreichsten Regeln für Arbeitnehmererfindungen. Hierfür gibt es sogar ein eigenes Gesetz – das Gesetz über Arbeitnehmererfindungen, abgekürzt ArbEG. In den Paragrafen 1 bis 49 und den dazugehörigen Richtlinien finden sich viele Vorgaben zu mehr oder weniger allen Aspekten rund um Arbeitnehmererfindungen in Deutschland. Für die Berechnung der Erfindervergütung sieht das ArbEG einen sehr mathematischen Ansatz vor, dessen Ergebnis trotzdem als sehr subjektiv empfunden werden kann. Das deutsche ArbEG ist sehr umfangreich und könnte alleine ein ganzes Buch (oder auch mehrere) füllen, sodass hier nur auf die wichtigsten Punkte eingegangen werden kann.

5.4.1 Allgemeines zum ArbEG

Unter das ArbEG fallen alle Arbeitnehmer – unabhängig davon, ob sie im privaten oder öffentlichen Dienst angestellt, Beamte oder Soldaten sind (§ 1 ArbEG). Nicht darunter fallen rechtliche Vertreter eines Unternehmens, zum Beispiel der beziehungsweise die Geschäftsführer.

❯❯ Wichtig: Auch Studenten, Praktikanten und Doktoranden fallen mangels eines Arbeitsverhältnisses häufig nicht unter das ArbEG. Bei Doktoranden etwa kann das zum Beispiel bei Stipendiaten der Fall sein: Sie arbeiten an einem Institut im Rahmen ihrer Dissertation, stehen aber womöglich in keinem Arbeitsverhältnis mit der Einrichtung.

Das ArbEG betrifft hauptsächlich patent- oder gebrauchsmusterfähige Erfindungen und ganz am Rande auch sogenannte technische Verbesserungsvorschläge (§ 20 ArbEG), unter die alle nicht patent- oder gebrauchsmusterfähigen Erfindungen fallen: zum Beispiel Vorschläge, wie sich betriebsinterne Prozesse optimieren lassen. Im Folgenden soll es aber nur um patentierbare Erfindungen gehen.

Generell gibt es nach dem ArbEG zwei Arten von Erfindungen: die gebundenen Erfindungen oder auch Diensterfindungen und die freien Erfindungen. Als Diensterfindung gelten laut § 4 ArbEG alle Erfindungen, die während eines Arbeitsverhältnisses entstanden sind – die also entweder aus den Tätigkeiten des Arbeitnehmers hervorgegangen sind oder die maßgeblich auf Erfahrungen oder Arbeiten des Betriebes oder Behörde beruhen, wo der Arbeitnehmer angestellt ist. Alle Erfindungen, auf die dies nicht zutrifft, sind freie Erfindungen. Wichtig ist in diesem Zusammenhang, dass die Erfindungen lediglich während des *Arbeitsverhältnisses* gemacht werden müssen, nicht aber während der *Arbeitszeit*. Eine abends zu Hause gemachte Erfindung fällt womöglich in die Zeit des Arbeitsverhältnisses und ist somit eine Diensterfindung – zumindest, wenn alle anderen Voraussetzungen erfüllt sind.

- **Diensterfindungen**

Diensterfindungen sind dem Arbeitgeber unverzüglich zu melden (§ 5 Abs. 1 ArbEG). Dies hat schriftlich zu geschehen (eine E-Mail reicht) und es muss klar erkennbar sein, dass es sich um eine Erfindungsmeldung handelt. Üblicherweise bieten Patentabteilungen und Technologie transferzentren entsprechende Vorlagen, die alle notwendigen Informationen enthalten: Neben der Beschreibung der Erfindung muss die Meldung noch bestimmte Informationen liefern, die für die Berechnung der Vergütung relevant sein können. Hierauf geht ▶ Abschn. 5.4.3 näher ein. Hierzu gehört, dass der beziehungsweise die (Mit-)Erfinder angeben, welchen Anteil sie jeweils an der Erfindung haben, wie diese zustande gekommen ist und auf welchen betrieblichen Erfahrungen sie beruht (§ 5 Abs. 2 ArbEG).

Ebenso unverzüglich hat der Arbeitgeber den Eingang der Erfindungsmeldung schriftlich zu bestätigen. Danach hat er zwei Monate Zeit, um Nachbesserungen zur Erfindungsmeldung zu verlangen (§ 5 Abs. 3 ArbEG). Tut er das nicht, gilt die Erfindungsmeldung als vollständig und es können keine Nachbesserungen mehr gefordert werden.

Gibt der Arbeitgeber innerhalb von vier Monaten nach Erhalt einer vollständigen Erfindungsmeldung –entweder ab der ersten Abgabe der Erfindungsmeldung oder erst mit Erhalt einer nachgebesserten Variante – die Erfindung nicht schriftlich frei, gilt sie als in Anspruch genommen (§ 6 ArbEG). Anders gesagt: Die Rechte an der Erfindung sind damit automatisch auf den Arbeitgeber übergegangen. Für die Inanspruchnahme braucht es keine weitere Erklärung durch den Arbeitgeber – obwohl sie natürlich trotzdem erfolgen kann.

Das war bis Oktober 2009 anders: Hat der Arbeitgeber vor dem 1. Oktober 2009 nicht innerhalb von vier Monaten die Rechte schriftlich in Anspruch genommen, wurde die Erfindung automatisch frei, sprich sie gehörte dem Erfinder. Diese Regelung war für den Arbeitgeber recht gefährlich, denn es ist durchaus vorgekommen, dass die Inanspruchnahme schlichtweg vergessen wurde – mit teils fatalen Folgen für das betreffende Unternehmen. Mit der Gesetzesänderung ist der Sachverhalt nun umgekehrt: Geschieht vonseiten des Arbeitgebers nichts, so hat er die Erfindung in Anspruch genommen, was auf jeden Fall die sicherere Variante ist – zumindest für den Arbeitgeber.

Hat ein Arbeitgeber eine Diensterfindung freigegeben, kann der Erfinder mit ihr machen, was er möchte. Hat er sie in Anspruch genommen – automatisch oder durch ausdrückliche Bestätigung –, hat der Arbeitgeber allerdings mehrere Pflichten. Die für den Erfinder vermutlich wichtigste davon ist die Zahlung einer angemessenen

Vergütung (§ 9 ArbEG). Außerdem muss der Arbeitgeber die Erfindung zum Patent anmelden (§ 13 Abs. 1 ArbEG) – sofern er sich nicht mit dem Erfinder einigt, dass keine Anmeldung erfolgt, womöglich, weil es zweckmäßiger ist, sie als Betriebsgeheimnis anzusehen. Doch selbst wenn Letzteres so ist, muss der Arbeitgeber eine angemessene Vergütung zahlen.

Außerdem muss er den Erfinder informieren, wie das Patenterteilungsverfahren verläuft, und ihm Kopien der Anmeldeunterlagen aushändigen (§ 15 Abs. 1 ArbEG). Er ist verpflichtet, dem Erfinder für all diejenigen Länder, in denen er keinen Patentschutz erwerben möchte, die Möglichkeit zu geben, auf eigene Kosten in diesen Ländern Patentanmeldungen einzureichen (§ 14 Abs. 2 ArbEG). Das gilt auch für all die Patentanmeldungen, die der Arbeitgeber zwar eingereicht hat, aber irgendwann nicht mehr weiterverfolgen möchte: in diesen Fällen muss der Erfinder die Möglichkeit bekommen, die Anmeldungen auf eigene Kosten weiterzuführen (§ 14 Abs. 2 ArbEG).

Dies alles bedeutet einen enormen Verwaltungsaufwand, weswegen Arbeitgeber sich hiervon gerne freikaufen. Diesem Abkaufen von Rechte mag der Erfinder zunächst skeptisch gegenüberstehen – warum sollte man für einen meistens eher überschaubaren Betrag auf sie verzichten? Üblicherweise ist es aber für den Erfinder nicht nachteilig, auf diese Rechte zu verzichten. Wenn der Arbeitgeber in bestimmten Ländern selbst keinen Schutz erlangen möchte, ist es kaum sinnvoll für den Erfinder, die Erfindung dort auf eigene Kosten zu schützen. Er hat also keinen Nachteil, wenn er auf das Recht verzichtet hat, dort selbst eine Anmeldung einreichen zu dürfen. Und natürlich wird die Patentabteilung einem Erfinder auch selbst nach Abtreten des Informationsrechts auf Nachfrage Auskunft darüber geben, wie es um das Patentverfahren steht.

> ⓘ Im Zusammenhang mit der Abtretung von Rechten aus dem deutschen ArbEG
> ist vor allem eines wichtig: Sie ist erst dann möglich, wenn die Erfindung bereits
> gemacht worden ist, nicht vorher (§ 7 Abs. 2 ArbEG). Es ist also nicht rechtens, wenn
> zum Beispiel bereits der Arbeitsvertrag Regelungen zur Übertragung dieser Rechte
> enthält, denn dieser Vertrag wird sicher *vor* dem Entstehen einer Diensterfindung
> geschlossen. Enthält ein deutscher Arbeitsvertrag solche Klauseln, sind sie ungütig.

Nimmt ein Arbeitgeber eine Diensterfindung in Anspruch, ergeben sich daraus wie oben bereits beschrieben für ihn einige Verpflichtungen. Aber auch der Arbeitnehmer muss einiges beachten. Zum Beispiel, dass er die Erfindung geheim halten muss (§ 24 ArbEG), aber auch, dass er den Arbeitgeber im Erteilungsverfahren unterstützen muss (§ 15 Abs. 2 ArbEG): Er muss Fragen zur Erfindung beantworten und – je nachdem, in welchen Ländern ein Patent angemeldet wird – Formulare unterschreiben und notwendige Erklärungen abgeben.

> ⓘ Diese Verpflichtung besteht über das Arbeitsverhältnis hinaus, sodass bei einem
> Umzug dem alten Arbeitgeber die neue Adresse mitgeteilt werden sollte.

■ **Freie Erfindungen**

Über freie Erfindungen kann – wie schon der Name vermuten lässt – der Erfinder weitgehend frei verfügen. Allerdings ist der Erfinder auch hier verpflichtet, seine Erfindung dem

Arbeitgeber zu melden (§ 18 ArbEG), damit dieser prüfen kann, ob es sich tatsächlich um eine freie Erfindung handelt. Hierfür muss der Erfinder dem Arbeitgeber alle notwendigen Informationen schriftlich vorlegen. Die Pflicht dazu entfällt nur, wenn die Erfindung ganz offensichtlich keinen Bezug zum Geschäftsbereich des Arbeitsgebers hat. Um hierbei sicher zu gehen, empfiehlt es sich aber, zunächst einmal *jede* freie Erfindung dem Arbeitgeber zu melden – so verhindert der Erfinder, gegenüber dem Arbeitgeber wohlmöglich schadensersatzpflichtig zu werden, wenn sich herausstellen sollte, dass es sich doch um eine Diensterfindung handelt.

Falls die freie Erfindung in den Geschäftsbereich des Arbeitgebers fällt, muss der Arbeitnehmer seinem Arbeitgeber eine nicht-exklusive Nutzungsmöglichkeit gegen entsprechende Vergütung anbieten (§ 19 ArbEG). Hiernach erhält der Arbeitgeber zwar eine Lizenz, um die Erfindung zu nutzen, der Erfinder kann aber noch weitere Lizenzen an Dritte vergeben oder die Erfindung selbst nutzen. Nimmt der Arbeitgeber das Angebot nicht innerhalb von drei Monaten an, erlischt dieses Recht.

Natürlich können Arbeitnehmer und Arbeitgeber auf freiwilliger Basis auch nach den drei Monaten zu einer Nutzungsregelung kommen, die auch eine exklusive Lizenz beinhalten kann – Abweichungen vom Gesetz zum Vorteil des Erfinders sind möglich.

5.4.2 Sonderstellung von Hochschulmitarbeitern

Das ArbEG gilt zwar auch für alle Mitarbeiter von Hochschulen. Für sie gibt es jedoch eine Sonderregelung: § 42 ArbEG versucht, einen Ausgleich zwischen ArbEG und Wissenschaftsfreiheit herzustellen. Dabei gelten § 42 Nrn. 1 bis 3 ArbEG nur für wissenschaftliche Mitarbeiter einer Hochschule, während § 42 Nr. 4 ArbEG für alle Mitarbeiter einer Hochschule gilt, also wissenschaftliche und nicht-wissenschaftliche.

Wissenschaftler sind frei, ihre Forschungsergebnisse zu publizieren, das kann ihnen auch das Patentrecht nicht nehmen. Allerdings sollen patentierbare Ergebnisse von Wissenschaftlern an Hochschulen auch patentiert werden. Das bedeutet, dass diese Ergebnisse vor dem Einreichen einer Patentanmeldung *nicht* veröffentlicht werden können. Hier versuchen § 42 Nrn. 1 und 2 ArbEG zu vermitteln: Der Hochschulwissenschaftler muss seine Erfindung rechtzeitig seinem Dienstherrn melden – üblicherweise zwei Monate vor der geplanten Veröffentlichung. Dann kann dieser vorher eine Patentanmeldung für die Erfindung einreichen. Danach darf der Wissenschaftler seine Ergebnisse wie geplant publik machen. Er darf sie aber auch *nicht* veröffentlichen – egal ob aus wissenschaftlichen, ethischen oder sonstigen Gründen. In diesem Fall muss er sie auch nicht melden.

Der wissenschaftliche Hochschulmitarbeiter erhält außerdem eine persönliche Lizenz an seiner Erfindung, die nicht auf Dritte übertragbar ist und keine kommerzielle Nutzung erlaubt (§ 42 Nr. 3 ArbEG). Das soll sicherstellen, dass der Erfinder auch weiterhin auf dem Gebiet der Erfindung forschen kann und seine – hoffentlich eines Tages patentierte – Erfindung ihn nicht davon abhält (siehe auch ▶ Abschn. 8.2.4).

Für Hochschulmitarbeiter, die nicht forschen und somit auch nicht wissenschaftlich publizieren, sind diese Vorschriften natürlich irrelevant. Nichtsdestotrotz profitieren alle Mitarbeiter einer Hochschule von § 42 Nr. 4 ArbEG, denn dieser sieht eine besonders großzügige Vergütungsregelung vor: Von allen Einnahmen, die die Hochschule für die Erfindung erhält, gehen 30 Prozent an die Erfinder, ohne Abzug irgendwelcher Kosten. Zum Beispiel darf die Hochschule die Kosten für das Patenterteilungsverfahren nicht von den Einnahmen für die Berechnung der Vergütung abziehen. Von den 30 Prozent steht jedem (Mit-)Erfinder die Teilsumme zu, die seinem Anteil an der Erfindung entspricht. Gab es beispielsweise vier Erfinder mit jeweils gleichem Anteil an der Erfindung, so erhält jeder ein Viertel von den ausbezahlten 30 Prozent der Gesamteinnahmen für die Erfindung. Damit sind Hochschulerfinder gegenüber ihren Kollegen aus der Privatwirtschaft insgesamt klar im Vorteil, denn diesen steht nur ein wesentlich geringerer Anteil zu (▶ Abschn. 5.4.3 und 5.4.2).

5.4.3 Wie sich die Vergütung berechnet

Werden Erfindungen in der freien Wirtschaft gemacht, ist die Berechnung der Vergütung wesentlich komplizierter. Auf den ersten Blick mag die Formel zwar einfach sein:

Höhe der Vergütung = Erfindungswert x Anteil des Erfinders an der Erfindung
x Anteilsfaktor

Allerdings ist die Bestimmung zumindest von Erfindungswert und Anteilsfaktor nicht trivial.

- **Wie viel ist die Erfindung wert?**

Eine kritische Größe, um die Erfindervergütung zu berechnen, ist der Erfindungswert – also der Wert, der der Erfindung beizumessen ist. Grundsätzlich muss ein Arbeitgeber für eine Arbeitnehmererfindung nicht mehr bezahlen als er einem freien Erfinder auf dem freien Markt zahlen würde. Es ist also zu bestimmen, was der Arbeitgeber hätte ausgeben müssen, wenn er für diese Erfindung eine Lizenz von einem Dritten hätte nehmen müssen. Grundsätzlich gibt es dafür drei Möglichkeiten, wobei die sogenannte Lizenzanalogie die Standardmethode ist:

Erfindungswert = Nettoumsatz x Lizenzsatz

Der Netto-Umsatz ist der Umsatz, den das Unternehmen mit der Erfindung generiert – allerdings nach Abzug von Steuern und allen Kosten. Der Lizenzsatz wiederum richtet sich nach dem in der Branche üblicherweise bei Lizenzverträgen angewandten Prozentsatz.

Allein den Netto-Umsatz zu bestimmen, ist bereits schwierig. Wie etwa ist es zu bewerten, wenn die Erfindung nur einen Teil eines Produktes ausmacht? Dann nämlich fließt nicht der gesamte Netto-Umsatz für das Produkt in die Berechnung ein, sondern nur der Teil, der der Bedeutung der Erfindung entspricht. Wie groß aber ist dieser Anteil genau? Hierbei gibt es viel Interpretationsspielraum. Ein Beispiel: Medikamente sind meist durch mehrere Patente geschützt – etwa für die chemische Struktur des Wirkstoffs, die pharmazeutische Zusammensetzung, bestimmte Dosierungen oder dergleichen. Wie groß ist dann aber nun der Anteil des Patents, das die pharmazeutische Formulierung schützt?

Geringer als derjenige, den das Patent für die Struktur hat? Falls ja, um wie viel geringer? Auf solche Fragen gibt es keine einzig richtige Antwort.

Ähnlich kompliziert ist die Bestimmung des Lizenzsatzes, schließlich gibt es keine universellen Lizenzsätze. Die Vertragsparteien handeln Lizenzsätze frei aus. Damit sind diese Sätze spezifisch für genau diese Kombination aus Erfindung, Vertragspartnern und anderen Umständen. Außerdem werden solche Vertragsdetails häufig nicht öffentlich gemacht. Das macht es nicht leichter, an Vergleichsdaten zu gelangen.

Vermeintlich einfach, tatsächlich kompliziert
Auch wenn die Berechnung des Erfindungswertes zunächst mathematisch sehr akkurat scheint, ist es praktisch unmöglich, diesen Wert objektiv zu bestimmen.

- **Wieviel meiner Erfindung gehört mir?**

Der Prozentsatz an der Erfindung ist der Wert, der als Anteil des Erfinders an der Erfindung in die Berechnung der Erfindervergütung eingeht. Häufig stehen hinter Erfindungen nicht nur ein, sondern mehrere Erfinder. Gibt es nur einen einzigen, ist es leicht: Sein Anteil ist 100 Prozent und ihm steht die gesamte Vergütung zu. Bei mehreren Erfindern sind die Anteile an der Erfindung zu verteilen. Das kann einfach sein, wenn die Erfinder sich einigen – oder problematisch, wenn die Erfinder unterschiedlicher Meinung sind.

- **Anteilsfaktor**

Der Begriff Anteilsfaktor ist etwas unglücklich gewählt, denn dieser Faktor hat nichts mit dem Anteil des Erfinders an der Erfindung gemein. Vielmehr misst dieser Wert den klaren Vorteil, den ein Arbeitnehmererfinder im Vergleich zum freien Erfinder hat, der ebenfalls in die Berechnung der Erfindervergütung einfließt – zum Nachteil des Arbeitnehmererfinders: Ein freier Erfinder muss alle Kosten, die bis zur fertigen Erfindung anfallen, selbst tragen. Außerdem trägt er das finanzielle Risiko, falls seine Arbeit nicht zum Erfolgt führt. Der Arbeitnehmererfinder dagegen ist über sein Gehalt finanziell abgesichert und alles für die Erfindung Notwendige stellt der Arbeitgeber bereit. Hierfür muss der Arbeitnehmererfinder einen Abschlag bei der Vergütung in Form des Anteilsfaktors hinnehmen.

Hierfür werden zunächst drei Einzelwerte bestimmt (a, b und c). Deren Summe wird anschließend der entsprechende Anteilsfaktor zugeordnet.

Bei Wert a, der „Stellung der Aufgabe", geht es um den Grad der Eigeninitiative des Erfinders. Diese wird in folgende Gruppen eingeordnet (siehe Richtlinien für die Vergütung von Arbeitnehmererfindungen (RLN) im privaten Dienst Nr. 31):

Gruppe 1: Aufgabe und Lösung wurden vorgegeben. Eigentlich sollte dies nicht vorkommen, denn dann liegt streng genommen keine eigene Erfindungsleistung vor und die Person ist kein (Mit-)Erfinder.

Gruppe 2: Der Betrieb stellt die Aufgabe, die Lösung wurde dagegen vom Erfinder selbst gefunden. Dies ist die häufigste Einordnung bei Mitarbeitern aus Forschungsgruppen.

Gruppe 3: Dem Erfinder wurde die Aufgabe nicht gestellt, aber er verwendete für die Erfindung seine Kenntnis von Mängeln und Bedürfnissen aufgrund seiner Betriebszugehörigkeit, die er jedoch nicht selbst festgestellt hat.

Gruppe 4: Dem Erfinder wurde die Aufgabe nicht gestellt, aber er verwendete für die Erfindung seine Kenntnis von Mängeln und Bedürfnissen aufgrund seiner Betriebszugehörigkeit, die er selbst festgestellt hat.

Gruppe 5: Der Erfinder hat sich selbst innerhalb seines Aufgabenbereichs eine Aufgabe gestellt, die vollkommen unabhängig von seinem betrieblichen Wissen gefunden wurde. Ist ein Mitarbeiter bereits länger in einem Unternehmen tätig, kann eine Einordnung in diese Gruppe üblicherweise nicht mehr erfolgen – weil er sich automatisch betriebliches Wissen angeeignet hat.

Gruppe 6: Der Erfinder hat sich selbst außerhalb seines Aufgabenbereiches und außerhalb des Arbeitsgebiets seines Arbeitgebers eine Aufgabe gestellt. Dieser Fall kommt ausgesprochen selten vor.

Ein Erfinder aus Gruppe 1 bekommt für Wert a einen Punkt, ein Erfinder aus Gruppe 2 zwei Punkte und so weiter.

Wert b berücksichtigt den Ausbildungsstand des Mitarbeiters sowie die Nutzung der betrieblichen Infrastruktur und firmeninternen Wissens. Um diesen Wert zu bestimmen, wird geprüft, wie viele der folgenden Gesichtspunkte auf die Erfindung zutreffen (RLN Nr. 32):

1. Der Erfinder hat die Lösung mithilfe der ihm beruflich geläufigen Überlegungen gefunden.
2. Der Erfinder hat sie aufgrund betrieblicher Arbeiten oder Kenntnisse gefunden.
3. Der Betrieb unterstützt den Erfinder mit technischen Hilfsmitteln.

Treffen alle Merkmale zu, erhält der Erfinder einen Punkt für Wert b, trifft kein Merkmal zu, erhält er sechs Punkte.

Zu guter Letzt fließt in den Anteilsfaktor die Position des Erfinders innerhalb des Unternehmens ein. Eine Erfindung wird umso höher bewertet, je niedriger der Erfinder in der firmeninternen Hierarchie steht. Bei einem Forschungsleiter kann aufgrund seiner Ausbildung und beruflichen Qualifikation eine erfinderische Tätigkeit erwartet werden, was bei einem technischen Assistenten (TA) eher nicht der Fall ist. Die Erfindungsleistung des TA ist also höher zu bewerten. In RLN Nr. 34 findet sich eine Aufteilung in Gruppen. Diese entspricht aber nicht unbedingt der Organisation in einem biowissenschaftlichen Unternehmen. Betriebe sind laut RLN Nr. 34 frei, eine eigene Aufteilung vorzunehmen, was auch häufig geschieht: TAs sind entsprechend ihrer Position in Unternehmen häufig in einer der Gruppen 4 bis 6 angesiedelt, Wissenschaftler mit Bachelor, Master oder Promotion sind entsprechend ihrer innerbetrieblichen Aufgaben in den Gruppen 1 bis 5 angesiedelt, wobei Gruppe 1 die höchstmögliche ist. Die Gruppennummer entspricht der Anzahl der Punkte für Wert c.

Der Summe der Werte a bis c (Σ) sind entsprechende Anteilsfaktoren (A) in Prozent zugeordnet (◘ Tab. 5.1:):

◘ **Tab. 5.1** Summe aus Wert a, b und c und zugehöriger Anteilsfaktor A in Prozent

Σ	3	4	5	6	7	8	9	10	11	12	13	14	15	16	17	18	19
A [%]	2	4	7	10	13	15	18	21	25	32	39	47	55	63	72	81	90

Ein Beispiel:

Ermittlung des Anteilsfaktors

Ein Gruppenleiter in der Industrie hat einen neuen Wirkstoff gegen Magenkrebs identifiziert. Er hatte die Aufgabe, einen Wirkstoff gegen diese Krankheit zu finden, die Lösung hat er aber selbständig gefunden. Um die Erfindung machen zu können, musste er auf sein Fachwissen zurückgreifen und hat von betriebsinternem Wissen und der Laborinfrastruktur des Unternehmens profitiert.

Wert a ist in diesem Fall 2 (Aufgabe wurde gestellt, Lösung selbst gefunden), Wert b ist 1 (alle drei Voraussetzungen treffen zu) und innerhalb der Firmenhierarchie befindet er sich in Gruppe 3, was für Wert c 3 Punkte gibt. In Summe ergibt sich also ein Wert von 6. Der Anteilsfaktor liegt demnach bei zehn Prozent.

Das nächste Beispiel dreht sich um die Erfindervergütung:

Berechnung Erfindervergütung

Die beschriebene Arbeitgebererfindung liefert einen Netto-Umsatz von 10 Millionen Euro, der in der Branche übliche Lizenzsatz liegt bei fünf Prozent, der Erfinder hat einen Anteilsfaktor von zehn Prozent und einen Anteil an der Erfindung von 25 Prozent. Zudem schützen vier Patentfamilien das finale Produkt – denen der Einfachheit hier jeweils die gleiche Bedeutung zukommen soll. Die dem Erfinder zustehende Erfindervergütung beträgt demnach:

$$Erfindervergütung = 10.000.000 \ (Nettoumsatz \ in \ Euro) \ x \ 0,05 \ (Lizenzsatz)$$
$$x \ 0,1 \ (Anteilsfaktor) \ x \ 0,25 \ (Anteil \ an \ der \ Erfindung)$$
$$x \ 0,25 \ (Anteil \ der \ Erfindung \ am \ Produkt) = 3125 \ (Euro)$$

Die Erfindervergütung zu bestimmen, ist für die Unternehmen sehr aufwendig. Zum Beispiel kann es schwer sein, den Erfindungswert zu berechnen. Zudem muss der Arbeitgeber dem Arbeitnehmer Zugang zu allen relevanten Daten gewähren, um die Berechnung nachvollziehen zu können. Vor allem, wenn der Arbeitnehmererfinder nicht mehr für das Unternehmen tätig ist – und wohlmöglich inzwischen für die Konkurrenz arbeitet –, wird der Arbeitgeber ihm keinen Einblick in diese vertraulichen Daten geben wollen.

Deswegen versuchen Arbeitgeber häufig, sich auch von der Verpflichtung freizukaufen, eine Erfindervergütung zahlen zu müssen. Sie bieten dem Erfinder also eine Einmalzahlung an, mit der alle weiteren Zahlungen abgegolten sind. Sollte ein Erfinder dem zustimmen? Meist wird dem Erfinder dieses Angebot zeitnah mit der Einreichung der Erfindungsmeldung angeboten, also dann, wenn noch nicht absehbar ist, ob aus der Erfindung überhaupt je ein Produkt wird. Bei vielen Erfindungen, gerade im Pharmabereich, wird das nicht der Fall sein, sodass der Erfinder mit der Einmalzahlung auf jeden Fall eine finanzielle Belohnung bekommt – selbst dann, wenn aus der Erfindung kein Produkt wird. Nicht selten ist ein Erfinder aber über die gesamte Beschäftigungsdauer an mehreren Erfindungen beteiligt, von denen einige zu einem Produkt führen, andere nicht. Bei manchen Erfindungen würde er sich mit der Einmalzahlung besser stehen, bei anderen nicht. Im Mittel ergibt sich aber wahrscheinlich ein ähnlicher Wert, sodass solche Vereinbarungen den Erfinder nicht unbedingt schlechter stellen müssen. Auf jeden Fall schaffen sie Klarheit für beide Seiten.

5.5   Hilfreiche Links

Wer in die entsprechenden Gesetzestexte schauen möchte, findet das Schweizer Obliga-
tionenrecht zum Beispiel unter http://www.gesetze.ch/sr/220/220_024.htm (10. Teil, „Der
Arbeitsvertrag", Art. 332), das Österreichische Patentgesetz unter https://www.jusline.at/
gesetz/patg (§§ 6 bis 19) und das deutsche Gesetz über Arbeitnehmererfindungen unter
https://www.gesetze-im-internet.de/arbnerfg/. Die Richtlinien zur Vergütung sind unter
http://www.bmas.de/SharedDocs/Downloads/DE/PDF-Gesetze/richtlinien-verguetung-arbeit-
nehmererfindungen.pdf?__blob=publicationFile zu finden.

Wie ist eine Patentanmeldung aufgebaut?

Wofür die einzelnen Abschnitte gut sind und worauf beim Schreiben geachtet werden sollte

© Springer-Verlag GmbH Deutschland, ein Teil von Springer Nature 2018
S. Vorwerk, *Schritt für Schritt zum Patent*,
https://doi.org/10.1007/978-3-662-55966-6_6

6.1   Warum sollte ich das wissen?

Die eigene Erfindung ist gefunden, die Besitzansprüche sind geklärt – dem Schreiben der Patentanmeldung steht nun also nichts mehr im Wege. Da Erfindungen häufig Arbeitnehmererfindungen sind (siehe ▶ Kap. 5), kann oder muss der Erfinder sogar das Schreiben der Patentanmeldung anderen überlassen. Das heißt aber nicht, dass er sich bequem zurücklehnen kann und nichts zu tun braucht: Niemand kennt die Erfindung besser als der Erfinder. So ist es seine Aufgabe, dem zuständigen Patentfachmann die Erfindung umfassend zu beschreiben. Ist der Experte gut, wird er dem Erfinder die richtigen Fragen stellen, damit er versteht, was genau die Erfindung umfasst, wo ihre Grenzen liegen, welche Elemente unbedingt vorhanden sein müssen und welche entbehrlich sind. Trotzdem hilft es, wenn der Erfinder selbst in Grundzügen weiß, wie eine Patentanmeldung zu verfassen ist, denn dann versteht er den Hintergrund der Fragen besser. Und umso besser die Anmeldung geschrieben ist, desto stärker ist ein hoffentlich irgendwann erteiltes Patent. Enthält die Anmeldung dagegen grobe Fehler, wird unter Umständen nie ein Patent erteilt – egal, wie großartig die Erfindung ist.

Im Idealfall ist die Arbeitsteilung beim Schreiben der Patentanmeldung so, dass der Erfinder dem Patentfachmann zunächst eine mehr oder weniger umfangreiche Beschreibung gibt – mündlich oder schriftlich. Der Fachmann entwirft daraus den Anmeldetext. Diesen Entwurf sollte der Erfinder gegenlesen und auf Fehler, Ungenauigkeiten oder Auslassungen hinweisen. Häufig gibt es mehr als einen Korrekturzyklus und erst wenn alle zufrieden sind, wird die Anmeldung bei einem Patentamt eingereicht.

Das Wissen aus diesem Kapitel ist aber nicht nur für Erfinder relevant: Patentanmeldungen sind eine reiche Informationsquelle, um sich Anregungen für die eigene Arbeit zu suchen – vor allem in Bezug auf neue Methoden und optimierte Reaktionsbedingungen. Wer allerdings zum ersten Mal in einer Patentanmeldung von 100 oder 200 Seiten bestimmte Informationen finden möchte, kann durchaus schnell den Überblick verlieren. Wer aber weiß, was wo steht, findet die für ihn wichtigen Informationen recht schnell.

6.2   Die verschiedenen Teile einer Patentanmeldung

Zwar hat jedes Patentamt etwas andere Anforderungen, wie die einzelnen Elemente einer Patentanmeldung gestaltet und angeordnet sein sollen. Aber in den entscheidenden Punkten sind alle Patentanmeldungen unabhängig von der Nationalität des veröffentlichenden Patentamtes ähnlich aufgebaut. Unterschiede gibt es vor allem zwischen den zwei großen Fachbereichen, aus denen die Anmeldungen stammen – nämlich den Biowissenschaften/Chemie einerseits und den mechanischen/elektrotechnischen Anmeldungen andererseits.

Biowissenschaftliche und chemische Anmeldungen etwa enthalten üblicherweise einen mehr oder weniger umfangreichen Teil mit experimentellen Daten. Abbildungen dienen lediglich dazu, um beispielsweise umfangreiche Reaktionsschemata oder experimentelle Daten zu zeigen. Bei den mechanischen Anmeldungen dagegen gibt es gewöhnlich keinen experimentellen Teil – es muss also keine Bauanleitung für die zu patentierenden Geräte geliefert werden. Dafür sind Abbildungen meist unverzichtbar: Sie zeigen alle Elemente der Erfindung in verschiedenen Ansichten des zu patentierenden Gegenstandes und jedes Bauteil ist mit Zahlen zu versehen, den sogenannten Bezugszeichen. Diese finden sich im beschreibenden Teil der Anmeldung wieder und helfen, die Erfindung zu veranschaulichen.

In den folgenden Kapiteln geht es nun ausschließlich um biowissenschaftliche und chemische Patentanmeldungen, die üblicherweise aus den folgenden Elementen bestehen:

- einer ersten Seite mit den bibliografischen Informationen (erstellt vom Patentamt),
- einer Beschreibung der Erfindung,
- Beispielen/einem experimentellen Teil,
- Ansprüchen und
- optional einer oder mehrerer Abbildungen und/oder einem Sequenzprotokoll.

Die nachfolgenden Kapitel bauen auf der Reihenfolge einer europäischen Patentanmeldung auf, die aber auch viele andere Patentämter in zumindest sehr ähnlicher Form verwenden. Eine Ausnahme: In Patentdokumenten asiatischer Patentämter – etwa aus China, Japan oder Korea – stehen die Patentansprüche gleich am Anfang direkt hinter den bibliografischen Daten, während sie ansonsten am Ende zu finden sind.

6.2.1 Bibliografische Daten

Egal, ob es sich um die Veröffentlichung einer Patentanmeldung oder eines erteilten Patents handelt: Auf der ersten Seite findet sich eine Zusammenfassung mit allen relevanten Daten. Hierzu gehören bibliografischen Daten, etwa der Titel der Anmeldung, der Anmelder, die Erfinder, der Anmeldetag, eventuell der Prioritätstag sowie eine Zusammenfassung und gegebenenfalls eine Abbildung (◘ Abb. 6.1).

Die meisten Informationen auf dieser ersten Seite sind weitgehend selbsterklärend. Die drei Arten Codes, die hier zu finden sind, lohnen jedoch einen genaueren Blick: Die INID-Codes, die Dokumentenartencodes und die internationalen Patentklassen können durchaus hilfreich sein.

Bei den bibliografischen Daten stehen zum Beispiel vor jedem Feld Zahlen in Klammern – die sogenannten **INID-Codes** (*internationally agreed numbers for the identification of (bibliografic) data*, Nummern zur Identifizierung bibliografischer Daten), die alle Patentämter gleich verwenden. So lässt sich zweifelsfrei identifizieren, was die einzelnen Felder auf der ersten Seite bedeuten, ohne die Sprache der Patentanmeldung zu sprechen. In ▶ Abschn. 6.3 findet sich ein Link zu einer Übersicht aller INID-Codes. Der INID-Code (22) zum Beispiel identifiziert den Tag, an dem eine Erfindung angemeldet wurde. Bei dem Dokument in ◘ Abb. 6.1 ist das der 10. November 2014.

Dieses Datum hat besondere Bedeutung: Das **Anmeldedatum** (*filing date*) wird benötigt, um die **Patentlaufzeit** (*patent term*) zu ermitteln. Wer also wissen möchte, wann die Allgemeinheit eine patentierte Erfindung frei verwenden darf, nimmt dieses Datum, fügt 20 Jahre hinzu und erhält das späteste Datum, zu dem das Patent ausläuft. Mehr Details hierzu sowie zum Sonderfall USA liefert ▶ Abschn. 8.2.3.

Der **Dokumentenartencode** (*kind code*) bezeichnet, ob es sich bei dem Dokument um eine Patentanmeldung oder um ein bereits erteiltes Patent handelt. Dies ist wichtig, um die rechtliche Wirkung des Dokuments einschätzen zu können: Erst mit einem erteilten Patent kann der Inhaber anderen verbieten, seine Erfindung zu nutzen.

(12) INTERNATIONAL APPLICATION PUBLISHED UNDER THE PATENT COOPERATION TREATY (PCT)

(19) World Intellectual Property
Organization
International Bureau

(43) International Publication Date
14 May 2015 (14.05.2015)

WIPO | PCT

(10) International Publication Number
WO 2015/067791 A1

(51) International Patent Classification:
A61K 47/48 (2006.01)   *A61P 11/00* (2006.01)
A61P 9/04 (2006.01)

(21) International Application Number:
PCT/EP2014/074114

(22) International Filing Date:
10 November 2014 (10.11.2014)

(25) Filing Language: English

(26) Publication Language: English

(30) Priority Data:
13192269.2   11 November 2013 (11.11.2013)   EP
14164072.2   9 April 2014 (09.04.2014)   EP

(71) Applicant: {Hier stehen Name und Adresse des
Patentanmelders}

(72) Inventors: {Hier stehen die Namen und Adressen der Erfinder}

(74) Agent: {Hier stehen Name und Adresse des vertretenden
Patentanwaltes}

(81) Designated States *(unless otherwise indicated, for every
kind of national protection available)*: AE, AG, AL, AM,
AO, AT, AU, AZ, BA, BB, BG, BH, BN, BR, BW, BY,
BZ, CA, CH, CL, CN, CO, CR, CU, CZ, DE, DK, DM,
DO, DZ, EC, EE, EG, ES, FI, GB, GD, GE, GH, GM, GT,
HN, HR, HU, ID, IL, IN, IR, IS, JP, KE, KG, KN, KP, KR,
KZ, LA, LC, LK, LR, LS, LU, LY, MA, MD, ME, MG,
MK, MN, MW, MX, MY, MZ, NA, NG, NI, NO, NZ, OM,
PA, PE, PG, PH, PL, PT, QA, RO, RS, RU, RW, SA, SC,
SD, SE, SG, SK, SL, SM, ST, SV, SY, TH, TJ, TM, TN,
TR, TT, TZ, UA, UG, US, UZ, VC, VN, ZA, ZM, ZW.

(84) Designated States *(unless otherwise indicated, for every
kind of regional protection available)*: ARIPO (BW, GH,
GM, KE, LR, LS, MW, MZ, NA, RW, SD, SL, ST, SZ,
TZ, UG, ZM, ZW), Eurasian (AM, AZ, BY, KG, KZ, RU,
TJ, TM), European (AL, AT, BE, BG, CH, CY, CZ, DE,
DK, EE, ES, FI, FR, GB, GR, HR, HU, IE, IS, IT, LT, LU,
LV, MC, MK, MT, NL, NO, PL, PT, RO, RS, SE, SI, SK,
SM, TR), OAPI (BF, BJ, CF, CG, CI, CM, GA, GN, GQ,
GW, KM, ML, MR, NE, SN, TD, TG).

Published:

— *with international search report (Art. 21(3))*

— *with sequence listing part of description (Rule 5.2(a))*

(54) Title: RELAXIN PRODRUGS

(57) Abstract: The present invention relates to a carrier-linked relaxin prodrug, pharmaceutical compositions comprising said prodrug, their use as medicaments for the treatment of diseases which can be treated with relaxin, methods of application of such carrier-linked relaxin prodrug or pharmaceutical compositions, methods of treatment, and containers comprising such prodrug or compositions.

WO 2015/067791 A1

□ **Abb. 6.1**   Beispiel für die erste Seite einer Patentanmeldung mit den bibliografischen Daten

So lange der Erfinder nur eine Patentanmeldung besitzt, sind seine Möglichkeiten gegenüber Dritten sehr begrenzt. Mit der Veröffentlichung einer EP-Patentanmeldung erhält der Anmelder zwar vorläufigen Schutz. Dazu gehört üblicherweise, dass der Anmelder ab der Veröffentlichung von einem Verletzer Schadensersatz fordern kann – praktisch einfordern kann er diesen allerdings erst rückwirkend, wenn das Patent erteilt wurde und dessen Schutzumfang feststeht. Somit stellt nur ein erteiltes Patent ein tatsächliches Verbietungsrecht dar. Ist das Patent erteilt, ist also zu prüfen, ob das eventuelle Produkt eines Dritten unter den Schutzumfang der erteilten Ansprüche fällt: Es reicht nicht, wenn es nur unter die Ansprüche der Anmeldung fiel, die üblicherweise breiter als die erteilten Ansprüche sind. Liegt eine Verletzung der erteilten Ansprüche vor, muss der Verletzer dem Patentinhaber für die Zeit seit der Veröffentlichung der Anmeldung Schadensersatz zahlen. Für die Zeit nach der Patenterteilung kann der Patentinhaber dem Verletzer dann die Nutzung verbieten.

Der Dokumentenartencode ist der Buchstabe und die Zahl am Ende der Veröffentlichungsnummer (INID-Code: 11). Ganz allgemein gilt zumindest bei neueren Dokumenten: „A" plus Zahl bezeichnet meistens eine Patentanmeldung, „B" plus Zahl meistens ein erteiltes Patent. Allerdings verwenden leider nicht alle Patentämter diesen Code einheitlich.

Anhand des Dokumentenartencodes lässt sich rasch feststellen, dass das Patentdokument in ◘ Abb. 6.1 eine *Anmeldung* eines Patents zeigt: Die Veröffentlichungsnummer lautete WO2015/067791A1 und ein „A" bezeichnet eine Anmeldung – zumindest bei internationalen („WO"-) und EP-Veröffentlichungen.

In dem Feld mit INID-Code 51 befindet sich der letzte Code: Hinter „Int Cl" verbirgt sich die *international classification* oder genauer die *international patent classification*, also die **Internationale Patentklassifikation**, üblicherweise mit IPC abgekürzt. Mit diesem Klassifikationssystem werden alle Erfindungen in eine von zurzeit acht Sektionen eingeteilt:

- Sektion A: Täglicher Lebensbedarf
- Sektion B: Arbeitsverfahren, Transportieren
- Sektion C: Chemie, Hüttenwesen
- Sektion D: Textilien, Papier
- Sektion E: Bauwesen, Erdbohren, Bergbau
- Sektion F: Maschinenbau, Beleuchtung, Heizung, Waffen, Sprengen
- Sektion G: Physik
- Sektion H: Elektrotechnik

Jede Sektion verzweigt sich in mehrere Klassen und diese wiederum gliedern sich in mehrere Unterklassen, die sich dann wiederum in mehrere Haupt- und Untergruppen aufspalten. Von Letzteren gibt es insgesamt etwa 70.000. Das jeweilige Patentamt teilt einer neu eingereichten Anmeldung eine oder mehrere dieser IPC-Klassen zu.

Aber warum treiben die Patentämter diesen Aufwand? Die IPC-Klassifikationen bieten ein wertvolles Werkzeug bei der Patentrecherche, denn diese Information ist in den Patentdatenbanken hinterlegt, die üblicherweise zur Recherche verwendet werden. Wer Patentanmeldungen aus einem bestimmten Bereich sucht, kann sich die entsprechende(n)

IPC-Klasse(n) heraussuchen und damit seine Suche beginnen oder aber bereits erhaltene Ergebnisse auf bestimmte Klassen einschränken. Wer auf dem neuesten Stand auf einem bestimmten Gebiet bleiben möchte, kann bei Patentdatenbanken Benachrichtigungsemails einrichten, um informiert zu werden, sobald ein neues Patentdokument aus einer bestimmten IPC-Klasse veröffentlicht wurde. Die IPC-Klassifizierung hilft also, aus der großen Zahl von Patentveröffentlichungen die jeweils relevanten zu identifizieren (▶ Abschn. 4.2.3).

Beispiel für IPC-Klassifikationen

Bei der Erfindung aus ◨ Abb. 6.1 handelt es sich um ein Konjugat aus dem Medikament Relaxin und einem nicht-pharmazeutisch aktiven Trägermolekül, von dem das Medikament nach Verabreichung an den Patienten abgespalten wird. Erst nach dieser Abspaltung entfaltet das Medikament seine Wirkung, zum Beispiel in der Behandlung von Herzversagen. Die erste IPC-Klasse für die Erfindung lautet A61K 47/48:

Sektion A = Täglicher Lebensbedarf

Klasse 61 = Medizin oder Tiermedizin, Hygiene

Unterklasse K = Zubereitungen für medizinische, zahnärztliche oder kosmetische Zwecke

Haupt- und Untergruppe 47/48 = Medizinische Zubereitungen, die durch unwirksame Bestandteile charakterisiert sind, z. B. Trägerstoffe, inerte Zusätze, wobei der nicht-aktive Bestandteil chemisch an den aktiven Bestandteil gebunden ist, zum Beispiel an Polymere gebundene Wirkstoffe

Eine weitere IPC-Notation lautet A61P 09/00 und bezeichnet die „spezifische therapeutische Aktivität von chemischen Verbindungen oder medizinischen Zubereitungen", speziell „Arzneimittel gegen Störungen des kardiovaskulären Systems". Bei dieser zusätzlichen Klasse geht es also weniger um den chemischen Aufbau, sondern vielmehr um den Einsatzbereich der Substanz. Wichtig ist jedoch der Hinweis „2006.01" vor allem hinter der IPC-Klasse A61K 47/48, denn diese Klasse gibt es inzwischen so nicht mehr. Bei der aktuellen Version der IPC-Klassen erfolgt zusätzlich noch eine weitere Einteilung anhand der chemischen Eigenschaften des unwirksamen Bestandteiles.

Leider verwenden nicht alle Patentämter die IPC-Klassifikation, sondern benutzen teils eigene Systeme, was den Nutzen bei der Recherche etwas einschränkt.

Erfinderadressen und Privatssphäre

Wer eine Privatadresse sucht – sei es, um dem Kollegen eine Postkarte aus dem Urlaub zu schreiben oder einem potenziell interessanten Kandidaten ein Stellenangebot zu machen – wird unter Umständen in Patentveröffentlichungen fündig, vorausgesetzt, dass der Gesuchte Erfinder ist: Unter INID-Code 72 sind nicht nur die Erfinder genannt, sondern zum Beispiel bei den vom EPA veröffentlichten Dokumenten üblicherweise auch deren Privatadressen. Zumindest bei neueren Veröffentlichungen sollte diese aktuell sein.

Wer diese Daten als Erfinder nicht veröffentlicht haben möchte, weil er seine Privatsphäre schützen möchte, kann den Arbeitgeber beziehungsweise Anmelder der Erfindung bitten, die Adresse mit „c/o" gefolgt von der Adresse des Arbeitgebers anzugeben. Oder der Arbeitgeber handhabt dies bereits automatisch so, um zu verhindern, dass die Konkurrenz die kreativsten Köpfe allzu leicht abwerben kann.

6.2.2 Einführung in das technische Gebiet

Auf die bibliografischen Daten folgt in der Regel eine mehr oder weniger lange Einführung in das Gebiet der Erfindung, in etwa das Pendant zur Einleitung bei wissenschaftlichen Publikationen. Es gibt keine Vorgabe, wie lang diese Einleitung sein soll, oft aber fällt dieser Teil eher knapp aus. Das EPA (und viele andere Patentämter) verlangen jedoch, dass zumindest der relevante Stand der Technik angegeben ist. Ergibt das Erteilungsverfahren, dass bestimmte, vom Patentamt für relevant befundene Dokumente unerwähnt sind, muss der Anmelder diese vor Erteilung eines Patents gegebenenfalls noch nachtragen. Negative Konsequenzen hat dies allerdings nicht. Bei manchen Patentämtern indes gibt es noch nicht einmal die Pflicht zum Nachtragen.

Anders als bei wissenschaftlichen Veröffentlichung erfüllt die Einführung bei Patenten – zumindest bei EP-Anmeldungen – häufig aber einen ganz besonderen Zweck: Gerne wird hierin auf Probleme oder Nachteile hingewiesen, die die zitierten Dokumente aufweisen, um die Vorteile und somit die erfinderische Tätigkeit der eigenen Erfindung nachfolgend besser herausstellen zu können. Am Ende dieses Abschnittes wird meist noch einmal ausdrücklich darauf verwiesen, dass die Erfindung darauf abzielt, zumindest teilweise Lösungen für die aufgeführten Probleme zu bieten.

Der Teil endet dann üblicherweise mit einer kurzen Beschreibung der Erfindung, was meist durch Kopieren des Textes des ersten Anspruches geschieht.

Diese Einleitung ist vergleichsweise unproblematisch zu schreiben – und häufig nicht besonders hilfreich für denjenigen, der versucht, aus einer Patentanmeldung wissenswerte Informationen zu gewinnen.

6.2.3 Definitionen

Auf die Einführung folgt eventuell eine etwas detailliertere, aber tendenziell doch eher oberflächliche Beschreibung der Erfindung (vor allem bei US-Anmeldungen). Sehr bald kommt jedoch ein Abschnitt, in dem zumindest die wichtigsten Begriffe festgelegt werden. Die Patentämter verlangen diese nicht. Nichtsdestotrotz sind sie für den Anmelder ein sinnvolles Werkzeug, auf das er nicht verzichten sollte, um Unklarheiten zum Beispiel im Erteilungsverfahren zu vermeiden.

Fehlen in einer Patentanmeldung solche Begriffsbestimmungen, wird jeder Bezeichnung die Bedeutung zuteil, die der Fachmann jeweils darunter versteht. Selbst bei vermeintlich bekannten Ausdrücken kommt es aber vor, dass der Sinngehalt zwei- oder sogar mehrdeutig ist oder ihnen keine eindeutigen Grenzen zugeordnet werden können. Das kann durchaus problematisch sein:

Bedeutung von Definitionen – Beispiel "Alkyl"

„Alkyl" ist ein Standardbegriff in der Chemie und erscheint auf den ersten Blick vollkommen eindeutig: Ein „Alkyl" ist ein gesättigter Kohlenwasserstoffrest – ein Teil eines Moleküls, das aus miteinander durch Einfachbindungen verbundenen Kohlenstoffatomen und einer entsprechenden Zahl Wasserstoffatome besteht. Das Wort liefert jedoch keine Information über die Zahl der Kohlenstoffatome und darüber, ob diese linear oder verzweigt verknüpft sind.

Steht nun in einem Patentanspruch, dass ein bestimmter Rest eines pharmazeutischen Wirkstoffes ein „Alkyl" sein kann, stellt sich die Frage, ob an der betreffenden Stelle des Wirkstoffs tatsächlich beliebig lange Kohlenwasserstoffketten eingefügt werden können. Vermutlich ist dem nicht so, denn für die pharmakologische Wirksamkeit werden wahrscheinlich bestimmte Eigenschaften notwendig sein, zum Beispiel eine bestimmte Konformation und Größe.

Gibt es keine weitere Einschränkung für diesen Rest und keine engere Definition des Begriffes Alkyl, würde der Anspruch auch die Verwendung einer Alkylkette mit 1000 Kohlenstoffatomen abdecken. Verzwickt wird es dann, wenn der für die erfinderische Tätigkeit angegebene technische Effekt bei so einer breiten Begriffsauslegung gar nicht vorhanden ist.

Um so etwas zu vermeiden, beinhaltet die Beschreibung hoffentlich entweder Rückzugslinien (▶ Abschn. 6.2.4), die für ein bestimmtes Merkmal einen engeren Begriff vorsehen, oder es sind entsprechend genaue oder engere Definitionen genannt, die in den Anspruch aufgenommen werden können. Gibt es beides nicht, wird die Erfindung womöglich sogar zurückgewiesen – unabhängig davon, wie revolutionär die Erfindung auch sein mag.

Nachträglich – also im Erteilungsverfahren – können möglicherweise notwendige Definitionen nicht mehr eingefügt werden. Es lohnt sich also, zumindest alle in den Ansprüchen vorkommenden Begriffe zu definieren. Ein erfahrener Patentschreiber wird unklare Begriffe idealerweise gar nicht erst verwenden. Statt des breiten „Alkyls" zum Beispiel benutzt er vielleicht „C_{1-10} Alkyl".

Beim Schreiben der Definitionen ist es wichtig, darauf zu achten, dass diese tatsächlich auf die Erfindung passen, sich untereinander nicht widersprechen und die Begriffe im sonstigen Verlauf der Beschreibung nicht mit einer ganz anderen Bedeutung als der definierten gebraucht werden. Nachträgliche Korrekturen sind (fast) unmöglich.

Definitionen in einer Patentanmeldung können auch über das hinausgehen, was im allgemeinen Sprachgebrauch unter den Begriffen verstanden wird. Grundsätzlich ist der Anmelder frei, die Begriffe in der Anmeldung so festzulegen, wie es für die Erfindung sinnvoll ist. Jede Patentanmeldung kann somit ihr eigenes Wörterbuch enthalten. Allerdings geht es nicht, etablierten Begriffen vollkommen andere Bedeutungen zu geben: Das Wort „Stuhl" darf nicht so umgedeutet werden, dass in der Anmeldung „Auto" darunter verstanden werden soll. Warum? Wer solch einen Anspruch ohne die zugehörige Beschreibung mit den entsprechenden Definitionen liest, bekommt einen vollkommen falschen Eindruck von der Erfindung und sinnvolle Patentrecherchen nach Stichworten werden unmöglich.

Beim Formulieren einer Definition, aber auch beim Beschreibung der Erfindung allgemein, ist es wichtig, sich zu fragen, wie ein Dritter ein hoffentlich irgendwann erteiltes Patent umgehen und sich solch ein Vorhaben bereits beim Schreiben der Anmeldung verhindern lassen könnte. Immerhin hat ein Patent, das sich leicht umgehen lässt, keinen oder nur einen geringen Wert. Schon beim Texten der Anmeldung sollten also möglichst viele Schlupflöcher gestopft werden.

Wichtig ist auch, dass Begriffe mit einem sinnvollen Umfang definiert werden: Je breiter ein Begriff auszulegen ist, desto größer ist der mit dem Patent zu schützende Bereich. Das klingt zunächst zwar sinnvoll. Es führt aber auch dazu, dass mehr Stand der Technik gefunden wird. Ist die Definition also wesentlich breiter als für die Erfindung angebracht ist, ist das Risiko groß, dass Stand der Technik existiert, der schädlich für Neuheit und erfinderische Tätigkeit ist. In solch einem Fall macht es sich der Patentanmelder selbst unter Umständen unnötig schwer, ein Patent erteilt zu bekommen. Wenn nicht klar ist, wie breit eine Definition anzulegen ist, könnten beispielsweise die schon kurz erwähnten Rückzugspositionen eingebaut werden: Dabei wird die Definition zunächst breit gefasst –, aber es werden zusätzlich engere Grenzen eingebaut, auf die bei Bedarf zurückgegriffen werden kann.

Warum Definitionen wichtig sind

Definitionen haben den Zweck, verwendete Begriffe gezielt auf die Erfindung abzustimmen. Hierbei sind dem Patentschreiber kaum Grenzen gesetzt. Wichtig ist aber, diese Begriffsfestlegungen sorgfältig zu erstellen: Sobald es eine Definition gibt, ist diese auch maßgeblich für die Auslegung eines Begriffs und – falls dieser Begriff in einem Patentanspruch fällt – für die Interpretation des Schutzumfanges eines Patentanspruches. Eine unvollständige oder falsche Definition kann dazu führen, dass der Bereich, für den Patentschutz beantragt wird, zu eng ist oder eventuell sogar gar nicht die eigentliche Erfindung umfasst. Je klarer dagegen die Begriffe umrissen sind, desto einfacher kann eine Abgrenzung zum Stand der Technik erfolgen und der Schutzumfang bestimmt werden. Unnötig breite Definitionen können zu Problemen mit der Neuheit und erfinderischen Tätigkeit führen, weil mehr Stand der Technik gefunden wird.

6.2.4 Was genau ist die Erfindung?

Nun endlich kommt die eigentliche Beschreibung der Erfindung. Hierfür braucht es eine sehr patentspezifische Sprache. Sie ist wesentlich genauer und ausführlicher als diejenige einer wissenschaftlichen Publikation und sie erscheint häufig auch in weiten Teilen redundant. Was unnötig kompliziert wirkt, hat aber seine Berechtigung und ist auch notwendig:

Beispiel für typische Patentformulierungen

Eine Patentanmeldung soll ein neues Molekül schützen, das aus verschiedenen Resten besteht. Zu R1 heißt es in der Beschreibung:

R1 ist ein Polymer, bevorzugt ein Polymer ausgewählt aus der Gruppe enthaltend Cellulose, Stärke, Pektine, Dextrane, Dextrine, Mannane und Hyaluronsäure. Stärker bevorzugt ist R1 ein Polymer ausgewählt aus der Gruppe enthaltend Stärke, Pektine, Dextrane, Dextrine und Hyaluronsäure. Besonders bevorzugt ist R1 ein Polymer ausgewählt aus der Gruppe enthaltend Pektine, Dextrane und Hyaluronsäure.

In einer Ausführungsform ist R1 ein Dextran.

In einer anderen Ausführungsform ist R1 eine Hyaluronsäure.

Eine Erfindung in einer Patentanmeldung so oder so ähnlich zu beschreiben, ist typisch: Zunächst wird breit angefangen (R1 = Polymer), dann folgen – manchmal in mehreren Stufen – engere Formulierungen, die das Merkmal gerne auf „stärker bevorzugte" und „am meisten bevorzugte" Merkmale beschränken, wobei die Listen immer spezifischer und meistens auch kürzer werden. Die Erfindung wird also in verschiedenen Schichten mit immer enger werdendem Umfang beschrieben. Der maximale Umfang umfasst alles, vom dem der Erfinder annimmt, dass die Erfindung so gerade noch funktionieren könnte, und der minimale Umfang schützt häufig nur genau das Produkt, von dem der Anmelder

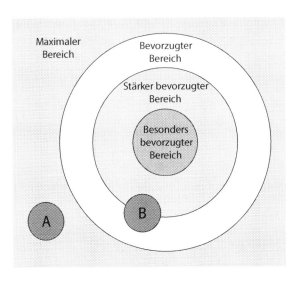

🔲 **Abb. 6.2**   Grafische Darstellung des Konzepts verschiedener Rückzugslinien. Die Kreise A und B bezeichnen unterschiedliche Dokumente aus dem Stand der Technik

annimmt, dass es das Produkt ist, das eines Tage kommerziell genutzt werden könnte.
🔲 Abb. 6.2 veranschaulicht dieses Vorgehen und dessen Hintergrund:

Über drei Stufen – in der Abbildung durch die konzentrischen Ringe veranschaulicht – wird der Schutzumfang immer mehr eingeschränkt. Diese verschiedenen Stufen können verwendet werden, um zumindest Neuheit gegenüber dem Stand der Technik herzustellen. Kleine Erinnerung: Für Neuheit reicht bereits eine Abweichung zum Stand der Technik. In 🔲 Abb. 6.2 gibt es einen Stand der Technik (Kreis „A"), der in die breiteste Stufe hinein-einfällt, den breitesten Schutzbereich. Um hier gegenüber dem Stand der Technik neu zu sein, reicht es, den Anspruch auf den Schutzumfang des äußersten Ringes zu beschrän-ken, nämlich auf den „bevorzugten Bereich".

Im zweiten Fall fällt der Stand der Technik (Kreis „B") teilweise sogar in den zweiten Ring, den „stärker bevorzugten Bereich". Da einige Elemente aus diesem zweiten Ring somit bereits bekannt sind, kann Neuheit nur hergestellt werden, wenn ein Rückzug auf den innersten Bereich erfolgt, den „besonders bevorzugten Bereich". In diesem Fall wäre es mit Blick auf die Neuheit eventuell besser gewesen, hätte es noch eine Zwischenstufe gegeben, um nicht gezwungen zu sein, sich direkt auf den ganz engen Schutzbereich des innersten Ringes einschränken zu müssen.

Oft ist es unmöglich vorherzusagen, welcher Stand der Technik existiert und vom Patentamt gefunden wird. Man weiß somit auch nicht, auf welchen Umfang die Erfindung im Erteilungsverfahren beschränkt werden muss. Dann ist es sinnvoll, jedes Element der Erfindung so zu definieren, dass unterschiedlich breite Bereiche abgedeckt sind. Oder, um bildlich mit 🔲 Abb. 6.2 zu sprechen: Nur mit unterschiedlich großen Ringen, deren Schutzumfang unterschiedlich breit um den am engsten möglichen Bereich liegen, kann optimal auf den vom Patentamt gefundenen Stand der Technik reagiert werden. Fach-leute bezeichnen solche Möglichkeiten zur Einschränkung als „**Rückzugspositionen**" oder „**Rückzugslinien**" *(fallback positions)*.

> Im Erteilungsverfahren ist der Anmelder auf die Rückzugspositionen angewiesen, die zum Anmeldetag vorhanden waren – was es zu diesem Datum nicht gibt, kann nicht nachträglich eingefügt werden.

Bei Rückzugslinien gilt: Viel hilft viel. Sind es zu viele, schadet es nicht. Aber fehlt eine, die im Erteilungsverfahren eventuell benötigt wird, weist das Patentamt die Anmeldung womöglich zurück.

Die engste Rückzugsposition sollte immer sehr nah an dem liegen, was irgendwann einmal ein Produkt werden könnte. Natürlich ist ein breiterer Schutz besser, aber falls dies aufgrund des Standes der Technik nicht möglich sein sollte, hilft es wenigstens, wenn niemand das direkte Produkt kopieren kann.

Sonderfall USA: *best mode requirement*
In den USA musste der Patentanmelder in der Anmeldung auch die beste Ausführungsform seiner Erfindung angeben, wie sie ihm zur Zeit der Anmeldung bekannt war – bis das US-Patentrecht durch den America Invents Act (AIA) stufenweise vor allem 2012 und 2013 erneuert wurde. Wurde bis dahin diese Vorgabe nicht erfüllt, weil zum Beispiel die beste Ausführungsform lieber Betriebsgeheimnis vor Wettbewerbern bleiben sollte, wurde ein erteiltes Patent womöglich für ungültig erklärt. Mit der Gesetzesänderung besteht zwar immer noch die Notwendigkeit, die beste Ausführungsform zu offenbaren, wird dies aber missachtet, folgen keine Konsequenzen mehr. Sollten die besten Ausführungsformen also lieber unveröffentlicht bleiben? Vielleicht kann aufgrund des Standes der Technik nur ein sehr enges Patent erteilt werden, eventuell kann es nur genau diese bevorzugte Ausführungsform abdecken. Ist sie nicht offenbart, kann die Anmeldung nicht darauf beschränkt werden. Da außerdem unklar ist, ob eine fehlende Angabe der besten Ausführungsform nicht durch weitere Gesetzesänderungen doch noch Nachteile mit sich bringt, könnte es also vorteilhaft sein, sie anzugeben.

Durch den intensiven Einsatz von Rückzugslinien kann es schwer fallen, die wissenschaftlich relevanten Informationen zu finden. Wer Patentanmeldungen als Informationsquelle verwenden möchte, geht daher häufig besser direkt zu den Beispielen über.

6.2.5 Sonderfall biologisches Material

Braucht es biologisches Material, um eine Erfindung auszuführen, muss die Beschreibung angeben, wie dieses zu erhalten ist. „Biologisches Material" bezeichnet dabei alles, was genetische Information enthält und sich selbst vermehren kann beziehungsweise sich in einem biologischen System vermehren lässt. Nicht selten ist dies jedoch schwierig oder gar unmöglich, weil zum Beispiel ein bestimmter Bakterienstamm ein Zufallsfund war. Statt es zu beschreiben, kann eben dieses biologische Material in einer öffentlichen Sammlung hinterlegt werden, was dann die Beschreibung ersetzt. Ist dies bereits erfolgt und ist das Material der Öffentlichkeit dauerhaft zugänglich, reicht es, wenn die Beschreibung die Nummer nennt, unter der das Material geführt wird.

Ist das Material noch nicht hinterlegt, muss dies spätestens am Anmeldetag geschehen. Ist die Eingangsnummer dann noch nicht verfügbar, ist sie innerhalb von 16 Monaten nachzureichen, um sicherzustellen, dass sie in der Veröffentlichung der europäischen Patentanmeldung enthalten ist. Die Hinterlegung darf nur bei Sammlungen erfolgen, die das EPA anerkennt. Das Amt veröffentlicht jährlich deren Namen.

6.2.6 Beispiele

Nach der Beschreibung der Erfindung folgt in der Regel ein Abschnitt, der experimentelle Daten rund um die Erfindung aufführt. Diese zeigen meist, wie die Erfindung hergestellt oder verwendet werden kann und welche vorteilhaften Eigenschaften sie hat – unter Umständen im direkten Vergleich mit dem, was bereits aus dem Stand der Technik bekannt war. Dieser Abschnitt sollte so beschrieben werden, dass ein Fachmann sie mit seinem Wissen nacharbeiten kann.

Es gibt keine Vorgaben, wie viele solche Beispiele enthalten sein müssen. Idealerweise aber nennt eine Patentanmeldung mindestens ein Beispiel. Falls möglich, sollten jedoch experimentelle Daten für möglichst unterschiedliche erfindungsgemäße Ausführungsformen gezeigt werden. Bleibt es bei nur einem Beispiel für die Erfindung, könnten im Erteilungsverfahren Einwände kommen: Der Anmelder habe zwar viele Substanzen schützen wollen, die bestimmte Eigenschaften haben sollen, hat aber diese Eigenschaft nur für eine oder einige wenige tatsächlich gezeigt. Das kann den Erfinder zwingen, den Schutzumfang so einzugrenzen, dass er mehr oder weniger nur den Beispielen entspricht.

Ein Patentprüfer erwartet normalerweise nicht, dass alle beanspruchten Substanzen experimentell getestet werden. Häufig wäre das auch gar nicht machbar. Idealerweise werden aber gezielt einige wenige Beispiele ausgewählt, die ein möglichst breites Spektrum abdecken und die zeigen, dass auch ganz unterschiedliche Strukturen die erfindungsgemäßen Eigenschaften haben.

Manchmal ist es jedoch nicht möglich, bestimmte Experimente umzusetzen, die für die Patentanmeldung sinnvoll wären – sei es aus Mangel an Zeit und Ressourcen oder aus anderen Gründen. Dann sollte ersatzweise zu einer ganz besonderen Art von Beispielen gegriffen werden: zu den sognannten „hypothetischen", „prophetischen" oder auch „Papierbeispielen". Das sind Experimente, die nur auf dem Papier existieren, aber nicht im Labor durchgeführt wurden. Sie sind in der Regel im Präsenz verfasst, während „echte" Beispiele – also solche, die tatsächlich durchgeführt wurden – in der Vergangenheit stehen. Wenn sie erfolgreich durchführbar sind, können Papierbeispiele durchaus ähnlichen Stellenwert haben wie tatsächlich erfolgte Experimente. Auf alle Fälle sind sie besser, als gar keine experimentellen Daten.

> Patentbeispiele sind nicht nur aus patentrechtlicher Sicht interessant – sie sind auch eine gute Informationsquelle für die eigene Laborarbeit. Hier könnten sich beispielsweise alternative/verbesserte Reaktionsbedingungen finden lassen oder vollkommen neue Methoden, die eventuell auch im eigenen Labor sinnvoll anzuwenden sind.

Häufig endet der Beispielteil mit einem Abkürzungsverzeichnis.

6.2.7 **Patentansprüche**

Nun kommt das Kernstück der Patentanmeldung: die Ansprüche. Sie sind so wichtig, weil sie bei einem erteilten Patent den Schutzumfang bestimmen (siehe Art. 69 (1) EPÜ): Der Patentinhaber kann Dritten nur das verbieten, was in den erteilten Patentansprüchen beschrieben ist – auch wenn der Beschreibungsteil wesentlich mehr umfasst.

Patentansprüche wirken auf den Laien häufig abschreckend: Jeder Patentanspruch darf nur aus einem einzigen Satz bestehen und Erfindungen sind häufig komplex. Somit sind Ansprüche gerne in langen, verschachtelten Sätzen formuliert, deren Inhalt sich häufig erst nach mehrmaligem Lesen erschließt. Bei besonders langen Ansprüchen wird zumindest durch bestimmte Formatierungen wie Einrückungen versucht, mehr Übersichtlichkeit zu schaffen.

Da Patentansprüche bei aller Komplexität aber klar und ohne Zweifel die Erfindung beschreiben müssen, braucht es eine besonders genaue Sprache – diese ist allerdings meist unangenehm zu lesen. Grundsätzlich etwa dürfen Patentansprüche chemischen Strukturen oder mathematische Formeln enthalten, aber keine Abbildungen. Tabellen sind nur dann erlaubt, wenn ihre Verwendung angebracht ist.

Weil die Patentansprüche den Schutzumfang bestimmen, unterliegen sie besonderen Anforderungen: Sie müssen laut Art. 84 EPÜ „von der Beschreibung gestützt" und „deutlich" sein, also klar verständlich. „Von der Beschreibung gestützt" bedeutet dabei zum einen rein formell, dass das, was in einem Anspruch steht, auch in der Beschreibung enthalten sein muss. Es heißt aber auch, dass der Umfang eines Patentanspruches in einem sinnvollen Verhältnis zu dem in der Patentanmeldung offenbarten Wissen stehen muss. Verständliche Formulierungen sollen zudem erreichen, die Grenzen des Schutzbereiches klar zu ziehen.

Angenommen, ein Erfinder kann zeigen, dass die Expression eines Transkriptionsfaktors in einer bestimmten Pflanzenart dazu geführt hat, dass die Pflanze resistent gegen einen bestimmten Pilz ist. Dann wäre ein Anspruch, der die Expression dieses Transkriptionsfaktors in allen Pflanzenarten zum Schutz gegen alle Arten von Phytopathogenen beansprucht, nicht von der Beschreibung gestützt. Da die Interaktion einer bestimmten Pflanzenart mit einem bestimmten Phytopathogen üblicherweise ganz spezifisch erfolgt, reicht die Datenlage üblicherweise nicht, um derart zu verallgemeinern. Der Anmelder wird sich voraussichtlich auf die getestete Kombination aus Pflanzenwirt und Pilz beschränken müssen.

Dieses Beispiel ist, zugegeben, ziemlich extrem. Es gibt aber keine klaren Regeln, wo die Grenze zu einer ausreichenden Stütze verläuft. So diskutieren Anmelder und Patentamt diese Frage oft im Erteilungsverfahren und idealerweise wird sie bereits beim Schreiben der Anmeldung berücksichtigt.

Allgemein gibt es zwei Hauptkategorien von Patentansprüchen – Erzeugnisansprüche und Verfahrensansprüche. Erstere umfassen zum Beispiel chemische Substanzen, Stoffgemische, Enzyme, Geräte und bestimmte Anordnungen von Gegenständen. Verfahren dagegen können Aktivitäten schützen, bei denen wie auch immer geartete Gegenstände verwendet werden. Die Einschränkung, dass ein patentierbares Verfahren irgendeinen Gegenstand einbeziehen muss, mag zunächst merkwürdig erscheinen. Dies soll aber verhindern, dass rein geistige Aktivitäten gemeint sind, die aufgrund fehlender Technizität von der Patentierbarkeit ausgeschlossen sind.

Normalerweise wird ein Erfinder möglichst viele Aspekte seiner Erfindung schützen lassen wollen, sodass sich in einer Patentanmeldung häufig sowohl Erzeugnisansprüche als auch Verfahrensansprüche finden, die zum Beispiel einen Gegenstand schützen, Herstellungsverfahren für diesen Gegenstand, eventuell benötigte Zwischenprodukte für die Herstellung und/oder die Verwendung des Gegenstandes.

Erzeugnisansprüche sind tendenziell „stärker" oder „wertvoller" als Verfahrensansprüche. Bei einem Verfahren wird nur das beschriebene Vorgehen geschützt sowie das unmittelbar mit diesem Verfahren erhaltene Produkt. Sobald ein Dritter jedoch das gleiche Produkt anders herstellt, fällt dies nicht mehr unter den Verfahrensanspruch und der Patentinhaber kann dem Dritten nicht untersagen, das Produkt zu fertigen und zu vertreiben.

Ein Erzeugnisanspruch dagegen schützt eine Substanz unabhängig davon, wie diese hergestellt wird. Der Schutz ist also nicht nur breiter, sondern eine Verletzung ist auch einfacher nachzuweisen: Sobald ein Dritter ein geschütztes Erzeugnis vertreibt, verletzt er das Patent. Bei einem Verfahrensanspruch müsste der Patentinhaber zunächst nachweisen, dass das Erzeugnis tatsächlich mit dem geschützten Verfahren hergestellt wurde, was deutlich schwieriger ist.

6.2.8   Die Zusammenfassung

Zu jeder Patentanmeldung gehört auch eine Zusammenfassung. Wie ◨ Abb. 6.1 zeigt, steht diese bei der Veröffentlichung auf der ersten Seite, zusammen mit den bibliografischen Daten. Da das Amt diese Seite erst eigens für die Veröffentlichung erstellt und diese somit in der vom Anmelder eingereichten Fassung noch nicht existiert, landet die Zusammenfassung beim Schreiben der Patentanmeldung üblicherweise am Ende.

Die Zusammenfassung dient zur Information der Öffentlichkeit, darüber hinaus hat sie keine Funktion – sie soll dem Leser schnell vermitteln, worum es bei der Erfindung geht, damit er direkt weiß, ob er für seine Zwecke die ganze Patentanmeldung lesen sollte oder nicht. Jedes Land hat für Form und Inhalt seine eigenen und leicht abweichenden Regelungen. Das EPÜ fasst diese in Art. 85 und Regel 47 EPÜ zusammen. Hiernach muss die Zusammenfassung die Bezeichnung der Erfindung und eine Kurzfassung von Beschreibung, Ansprüchen und – falls vorhanden – Zeichnungen beinhalten. Aus der Zusammenfassung sollen (nicht muss!) das technische Gebiet der Erfindung erkennbar sein, das mit der Erfindung zu lösende Problem samt Lösung sowie die Anwendungsmöglichkeiten der Erfindung. Falls hilfreich, kann die Zusammenfassung die chemische Formel enthalten, die die Erfindung am besten beschreibt. Und das alles in nicht mehr als 150 Wörtern!

Die Zusammenfassung der Patentanmeldung in ◨ Abb. 6.1 beinhaltet nur eine sehr kurze Auflistung der verschiedenen Aspekte der vorliegenden Erfindung, ohne in Details zu gehen. Der Leser kann ihr aber entnehmen, dass es um Prodrugs des Wirkstoffes Relaxin geht und wird bei Interesse weiterlesen oder anderenfalls die Anmeldung nicht weiter beachten.

Meist sind die Patentämter aber vergleichsweise nachsichtig, was die Zusammenfassung angeht. Sollte diese allerdings vollkommen inakzeptabel sein, schreibt das Patentamt selbst eine neue und verwendet diese auch.

6.2.9 Abbildungen

> Wer im EPÜ die Abschnitte über Abbildungen liest, wird häufig mit „Zeichnungen" konfrontiert. Dies könnte den Eindruck erwecken, dass diese Regeln nur auf „Gezeichnetes" zutreffen. Der Begriff „Zeichnungen" ist jedoch sehr breit zu deuten und umfasst alle Arten von Abbildungen.

Bei Patentanmeldungen aus der Mechanik sind Zeichnungen zur Beschreibung der Erfindung essenzieller Bestandteil. Anmeldungen aus den Biowissenschaften und der Chemie müssten indes nicht zwangsweise Zeichnungen beinhalten, aber sie können durchaus helfen. Beispielsweise werden gerne komplexe Reaktionsschemata, Diagramme von Klonierungsvektoren oder vereinfachte Schemata von komplexen Strukturen gezeigt. Manchmal legen die Abbildungen auch Ergebnisse aus den Experimenten dar, zum Beispiel Chromatogramme oder mikroskopische Aufnahmen. Letzteres sollte jedoch gut überlegt sein.

Alle Patentämter haben sehr bestimmte Regeln dafür, wie Abbildungen beschaffen sein müssen (siehe EPÜ, Regel 46). Viele Vorgaben zielen darauf ab, dass bei der Veröffentlichung eine klare Erkennbarkeit und vor allem eine gute Reproduzierbarkeit gegeben ist. Leicht können Achsenbeschriftungen von Chromatogrammen zu klein sein oder Linien zu schwach, um dies zu erfüllen. Fehlerhafte Abbildungen sind auf Aufforderung des Patentamtes zu korrigieren, was zusätzliche Arbeit bedeutet. Wichtig ist auch, dass Fotos immer nur schwarz-weiß wiedergegeben werden, was ihren Informationsgehalt unter Umständen dramatisch senkt.

Bevor also Laborergebnisse als Zeichnung in eine Patentanmeldung aufgenommen werden, wäre zu klären, ob die grafische Darstellung wirklich nötig ist oder ob die Ergebnisse nicht genauso gut textlich zu beschreiben sind. Grundsätzlich glauben das EPA und andere Patentämter den Aussagen des Anmelders zum Beispiel bezüglich eines Ergebnisses – ein Beweis in Form von wie auch immer gearteten Rohdaten braucht es für die Anmeldung nicht. Falls es aber Abbildungen gibt, sollte hierauf an irgendeiner Stelle in der Beschreibung Bezug genommen werden.

6.2.10 Sequenzprotokolle

Patentanmeldungen, die DNA-, RNA- oder Proteinsequenzen enthalten, müssen diese als sogenannte **Sequenzprotokolle** *(sequence listings)* enthalten (Regel 30 EPÜ). Das Sequenzprotokoll ist Bestandteil der Beschreibung und wird bei Einreichen der Patentanmeldung üblicherweise als separate, digitale Textdatei ans Patentamt geschickt. Dieses wird bei der Recherche darauf zurückgreifen.

Bezieht sich eine Patentanmeldung auf Sequenzen aus dem Stand der Technik, die bereits in öffentlichen Datenbanken hinterlegt sind, reicht es, deren Datenbankzugangsnummer sowie die Versionsnummer oder die Nummer des Datenbank-Releases in der Anmeldung anzugeben.

Sequenzprotokolle müssen ein bestimmtes Format haben – aktuell ist dies der WIPO-Standard ST 25. Es gibt verschiedene Programme, die kostenlos heruntergeladen werden können, um Sequenzprotokolle standardkonform erstellen zu können. Die beiden wichtigsten Programme sind „PatentIn" vom USPTO und „BiSSAP" vom EPA. Die WIPO-Homepage (wipo.int) bietet eine Anleitung für das Erstellen korrekter Sequenzprotokolle, (besonders hilfreich bei modifizierten Sequenzen). Die entsprechenden Links finden sich in ▶ Abschn. 6.3.

Vergisst der Anmelder, mit der Anmeldung auch ein Sequenzprotokoll einzureichen, obwohl die Anmeldung Sequenzen enthält, oder genügt das Protokoll nicht dem vorgeschriebenen Standard, wird das Patentamt dazu auffordern, dies nachzureichen beziehungsweise zu korrigieren. Wird dem nicht innerhalb von zwei Monaten und mit Zahlung einer Gebühr nachgekommen, weist das EPA die Anmeldung zurück (Regel 30(3) EPÜ). Das Sequenzprotokoll sollte also nicht vergessen werden.

6.3   Hilfreiche Links

Wer herausfinden möchte, wofür ein bestimmter Dokumentenartencode in der Veröffentlichungsnummer eines Patentdokuments steht, kann hier mehr erfahren: https://www.cas.org/content/references/patkind (nur auf Englisch verfügbar). Die Übersicht deckt viele Patentämter und die dort jeweils verwendeten Dokumentenartencodes ab. Für eine Übersicht über die INID-Codes ist dieses Dokument ausgesprochen hilfreich: https://www.dpma.de/docs/service/veroeffentlichungen/dpmainformativ/dpmainformativ_01.pdf. Wer tiefer in das IPC-System einsteigen oder wissen möchte, wofür eine bestimmte IPC-Notation steht, wird zum Beispiel hier fündig: https://depatisnet.dpma.de/ipc/.

Wer das PatentIn-Programm herunterladen möchte, sollte auf der Homepage des USPTO (www.uspto.gov) nach „PatentIn" suchen. Dort findet sich auch ein Benutzerhandbuch (nur auf Englisch). Wer das BiSSAP-Programm herunterladen möchte, findet die entsprechende Seite und noch weitere Informationen auf der EPA-Homepage (www.epo.org) durch Eingabe des Suchbegriffs „BiSSAP". Wer mehr über die genauen Anforderungen an ein Sequenzprotokoll erfahren möchte, findet auf der Homepage der WIPO (www.wipo.int) unter dem Suchbegriff *sequence listing* ein sehr informatives Pdf (nur auf Englisch verfügbar).

Von der Anmeldung zum erteilten Patent

Und was auf dem Weg dorthin alles geschieht

© Springer-Verlag GmbH Deutschland, ein Teil von Springer Nature 2018
S. Vorwerk, Schritt für Schritt zum Patent,
https://doi.org/10.1007/978-3-662-55966-6_7

Die bisherigen Kapitel haben bereits deutlich gemacht, dass am Anfang eines Erteilungsverfahrens die Patentanmeldung und am Ende – wünschenswerterweise – das erteilte Patent stehen. Was aber dazwischen passiert, wurde bisher kaum angesprochen. Dieses Kapitel holt das nun nach.

7.1   Vorab überlegt

Die Anmeldung soll eingereicht werden – davor aber sind zunächst ein paar grundlegende Dinge zu entscheiden: Wie viel soll geschrieben werden? In welcher Sprache? Und bei welchem Amt kann oder muss der Anmelder anmelden?

7.1.1   Welches Amt?

Meist kann der Anmelder das Amt frei wählen, bei dem er sein Patent anmeldet. Manche Erfinder bevorzugen zunächst ihr nationales Patentamt, oft reichen aber Erfinder aus EP-Mitgliedsstaaten direkt beim EPA ein. Das ist möglich bei den Zweigstellen des EPA in München, Den Haag oder Berlin oder aber bei den nationalen Patentämtern, wobei der Antrag klarstellen muss, dass es sich um eine EP-Anmeldung handeln soll und nicht um eine nationale. Interessanterweise fordern manche nationalen Patentgesetze, dass Erfindungen, die zum Beispiel von Angehörigen des eigenen Staates oder auf ihrem Staatsgebiet entstanden sind, als erstes bei ihrem nationalen Patentamt eingereicht werden *müssen:* Wissen über Erfindungen, die von Bedeutung für die nationale Sicherheit sein könnten, soll nicht ins Ausland gelangen. Biowissenschaftliche oder chemische Erfindungen werden eher nicht als kritisch für die nationale Sicherheit gesehen. Aber je nach Land könnten trotzdem bestimmte Vorkehrungen notwendig werden.

Sind an einer Erfindung zum Beispiel Spanier oder Portugiesen mit Wohnsitz in Spanien beziehungsweise Portugal beteiligt, ist die Anmeldung zwingend zunächst in Spanien oder Portugal beim örtlichen Patentamt einzureichen.

Jede in den USA gemachte Erfindung – unabhängig davon, ob der Erfinder ein US-Amerikaner ist oder ein Ausländer, der sich nur zufällig in den USA aufhält – muss entweder als erstes in den USA eingereicht werden oder der Anmelder muss vor dem Einreichen in einem anderen Land eine Ausnahmegenehmigung einholen, eine sogenannte *foreign filing license.* Das ist zwar nur eine Formsache, muss aber auf jeden Fall rechtzeitig beantragt werden. Geschieht die Anmeldung ohne diese offizielle Genehmigung, kann ein daraus entstehendes US-Patent für ungültig erklärt werden. Außerdem kann eine Geld- und sogar Gefängnisstrafe auf den Anmelder zukommen.

Je nach Konstellation der Erfinder kann es schwierig werden, allen nationalen Vorgaben zu entsprechen. Dann muss der Patentanwalt das beste Vorgehen ermitteln. Aber es hilft, wenn sich die Erfinder des Problems bewusst sind und den mit dem Einreichen der Patentanmeldung beauftragten Patentfachmann rechtzeitig auf die verschiedenen Nationalitäten der Erfinder hinweisen.

Im Folgenden wird davon ausgegangen, dass die Anmeldung beim EPA eingereicht wird.

7.1.2 Wie lang darf die Anmeldung sein?

Grundsätzlich kann eine Patentanmeldung so lang sein, wie der Anmelder es für sinnvoll hält – es gibt keine Obergrenze. Wie beschrieben, ist es sehr hilfreich und notwendig, möglichst viele Rückzugslinien einzubauen und die Anmeldung in allen Einzelheiten zu beschreiben (▶ Abschn. 6.2.4). Allerdings decken die Anmeldegebühren bei den Patentämtern häufig nur eine bestimmte Anzahl an Seiten ab und für jede zusätzliche Seite fällt eine Gebühr an. Beim EPA umfasst die Anmeldegebühr bis zu 35 Seiten jede weitere kostet zurzeit 15 Euro (Stand August 2017). Da Anmeldungen aus der Biotechnologie oder Pharmazie gerne auch über 100 Seiten haben, können die Gebühren stark ansteigen. Allerdings ist es unklug, sich quasi zwanghaft auf 35 Seiten zu beschränken: Fehlen zum Beispiel sinnvolle Rückzugslinien, wird die Anmeldung womöglich zurückgewiesen und somit war alles umsonst.

Das EPA verlangt neben der Seitengebühr übrigens unter Umständen auch noch Anspruchsgebühren: 15 Ansprüche sind inklusive, die Ansprüche 16 bis 50 kosten je 235 Euro und jeder Anspruch über 50 hinaus kostet 535 Euro (Stand August 2017). Die Zahl der Ansprüche sollte aus Kostengründen also in einem sinnvollen Rahmen gehalten werden. Für biowissenschaftliche Anmeldungen sind 15 Ansprüche meist etwas knapp, aber mehr als 30 braucht es eher selten.

7.1.3 Welche Sprache?

Sprachlich gesehen hat der Anmelder fast unbegrenzte Freiheit: Die beim EPA verwendeten Sprachen, die sogenannten Amtssprachen, sind Englisch, Französisch und Deutsch. Aber eine Patentanmeldung kann beim EPA zunächst grundsätzlich in jeder Sprache eingereicht werden (Art. 14 (2) EPÜ). Wichtig ist jedoch, dass es nur *eine* Sprache sein darf. Es kann also nicht der Postdoc aus Paris die Einleitung auf Französisch, der Doktorand aus Madrid die Beispiele auf Spanisch und der Londoner Patentanwalt den Rest der Beschreibung auf Englisch schreiben. Wird die Anmeldung aber in keiner der drei Amtssprachen geschrieben, muss der Anmelder innerhalb von zwei Monaten nach Anmeldung eine Übersetzung in eine Amtssprache einreichen (Regel 6 (1) EPÜ). Welche der drei Amtssprachen er wählt, bleibt dem Anmelder überlassen. Versäumt er aber, die Übersetzung nachzureichen, gilt die Anmeldung als zurückgenommen: Das Patentamt geht davon aus, dass der Anmelder die Anmeldung nicht weiter verfolgen will, und das Verfahren wird eingestellt.

Wer eine der drei EPA-Amtssprachen spricht, sollte diese also auch direkt für die Patentanmeldung nutzen, schließlich kostet eine Übersetzung Geld und birgt das Risiko von Übertragungsfehlern. Diese lassen sich zwar korrigieren, müssen aber auch erst einmal entdeckt werden. Die ursprünglich gewählte Amtssprache – oder die Sprache der Übersetzung – wird dann auch für das weitere Verfahren und die Veröffentlichung der Anmeldung verwendet.

Aus strategischer Sicht wird deshalb manchmal gerne Deutsch oder auch Französisch gewählt, weil diese Sprachen von weniger Menschen gesprochen werden als Englisch. Somit sind weniger Personen in der Lage, den Inhalt zu verstehen und zu nutzen. Dieser Vorteil tritt aber zunehmend in den Hintergrund, da computergenerierte Übersetzungen inzwischen zumindest eine akzeptable Qualität liefern und die Sprachbarriere immer weniger Bedeutung hat.

Das Hauptkriterium bei der Sprachwahl wird eher sein, dass alle, die beim Schreiben der Anmeldung und dem Erteilungsverfahren beteiligt sind, diese Sprache beherrschen. Deshalb wird meistens Englisch gewählt. Ist zum Beispiel beabsichtigt, die kommerzielle Nutzung der Erfindung einem Dritten zu überlassen – durch Vergabe einer Lizenz oder Verkauf der Patentanmeldung/des erteilten Patents –, ist Englisch in der Tat die beste Wahl. Der potenzielle Partner wird sich auf jeden Fall die zu lizensierenden oder zu kaufenden Patente/Patentanmeldungen durchlesen wollen, was auf Englisch in der Regel am unproblematischsten ist. Auch wenn die Erfinder die Kommerzialisierung selbst in die Hand nehmen wollen, zum Beispiel durch eine Firmenausgründung, ist Englisch vorteilhaft: Auch potenzielle Investoren werden das Patentportfolio der Firma prüfen wollen und bei einem englischen Text ist dafür üblicherweise keine Übersetzung notwendig.

7.2   Prioritätsanmeldungen und das Prioritätsjahr

Wer eine Erfindung gemacht hat, fragt sich wahrscheinlich, wann genau es am besten ist, ein Patent anzumelden. Generell gilt: Umso später, desto später läuft auch der Patentschutz ab, nämlich 20 Jahre nach dem Anmeldetag. Das spricht natürlich dafür, die Anmeldung möglichst lange hinauszuzögern. Allerdings ist zu bedenken: Je später eingereicht wird, desto mehr Stand der Technik gibt es und umso größer ist das Risiko, dass wohlmöglich die Konkurrenz schneller eine ähnliche oder wohlmöglich sogar die gleiche Erfindung anmeldet. Deswegen kann es durchaus sinnvoll sein, möglichst früh anzumelden – vor allem, wenn zu vermuten ist, dass Mitbewerber auf dem gleichen Gebiet arbeiten. Denn war die Konkurrenz schneller, nützt die beste Erfindung nichts – nur der, der die Erfindung zuerst zum Patent anmeldet, kann ein Patent für die Erfindung erhalten.

Das first-to-file-Prinzip
Rechtlich gilt das Prinzip *first-to-file*: Bei mehreren unabhängigen Erfindern bekommt derjenige das Patent, der die Anmeldung als Erster eingereicht hat. Inzwischen folgen alle Patentämter diesem System.

Eine wichtige Ausnahme waren lange die USA. Dort stand bis März 2013 das Patent demjenigen zu, der zuerst eine Erfindung gemacht hat, unabhängig vom Datum der Patentanmeldung – das sogenannte *first-to-invent*-System. Mit dem America Invents Act (AIA), einer umfangreichen Änderung des US-Patentsystems, hat jedoch auch das USPTO auf *first-to-file* umgestellt.

So zu verfahren, hat den Vorteil, dass sich der Tag, an dem ein Patent angemeldet wurde, leicht bestimmen lässt. Das genaue Datum zu ermitteln, an dem eine Erfindung vollständig erfunden worden ist, kann dagegen ungleich aufwendiger sein und ist auch häufig nicht mit absoluter Genauigkeit zu bestimmen. So war das *first-to-invent*-System der Grund, warum es vor dem AIA essenziell war, Laborbücher akkurat zu führen und zu jedem Experiment das korrekte Datum anzugeben. Nur so ließ sich nachweisen, wann eine Erfindung gemacht wurde. Zwar sollten Laborbücher grundsätzlich ordnungsgemäß geführt werden. Aus patentrechtlicher Sicht ist der korrekte Nachweis des Zeitpunkts der Erfindung aber nun nicht mehr nötig, da für alle nach März 2013 eingereichten Anmeldungen nur noch *first-to-file* gilt.

Die Angst vor der Konkurrenz führt oft dazu, dass eine Patentanmeldung recht früh eingereicht wird. Nachteilig daran ist, dass die Erfindung unter Umständen noch nicht vollständig fertig entwickelt ist. Eventuell fehlen noch Beispiele oder der Erfinder weiß noch nicht genau, was die bevorzugten Ausführungsformen seiner Erfindung sind. Nach dem Anmeldetag können aber keine zusätzlichen Information zu der Patentanmeldung hinzugefügt werden. Was also tun? Doch lieber später einreichen – und riskieren, dass ein anderer eventuell früher eine Patentanmeldung für eine ähnliche oder sogar gleiche Erfindung eingereicht hat und mehr Stand der Technik existiert?

7.2.1 Das Prioritätsjahr

Erfreulicherweise haben die Patentämter für die Situation des Patentanmelders Verständnis und ermöglichen eine für den Anmelder günstige Option: das sogenannte **Prioritätsjahr** *(priority year)*. Der Anmelder reicht hierzu bei einem Patentamt wie dem EPA eine erste, sogenannte prioritätsbegründende Anmeldung ein – kurz **Prioritätsanmeldung** oder noch kürzer **Prioanmeldung** *(priority application)*. Damit bekommt er die Möglichkeit, noch maximal ein Jahr an den Feinheiten seiner Erfindung zu arbeiten.

Bildlich gesprochen errichtet diese Prioritätsanmeldung eine Mauer für den Stand der Technik. Nur das, was *vor* dem Tag der Prioritätsanmeldung der Öffentlichkeit bekannt ist, gehört zum Stand der Technik. Dieser Tag wird als **Prioritätstag/Prioritätsdatum** oder kurz **Priotag/Priodatum** *(priority date)* bezeichnet. Alles, was erst *am* oder *nach* dem Prioritätstag öffentlich wird, zählt nicht mehr zum Stand der Technik. Die eigentliche Anmeldung wird dann innerhalb des Prioritätsjahres eingereicht und von diesem Tag, dem **Anmeldetag** *(filing day)*, beginnt die Patentlaufzeit.

> Wenn zuvor in diesem Buch bestimmte Zeitpunkte oder -räume erwähnt wurden – zum Beispiel die Veröffentlichung der Anmeldung 18 Monate nach dem Anmeldetag – so war häufig der Anmeldetag der Start der Berechnung. Wichtig ist, dass bei Beanspruchung einer Priorität aus dem Anmeldetag der früheste Prioritätstag wird. Ein Beispiel: Eine Anmeldung wird 18 Monate nach dem Anmeldetag veröffentlicht oder aber 18 Monate nach dem frühesten Prioritätstag, sofern eine Priorität beansprucht wurde. Einzig um die Patentlaufzeit zu berechnen, bleibt der Anmeldetag das relevante Datum – ob mit oder ohne Priorität.

Eine grafische Übersicht über die Bedeutung der Prioritätsanmeldung und finalen Anmeldung zeigt ◘ Abb. 7.1.

Wichtig ist, dass die Priorität beim Einreichen der finalen Anmeldung formell beansprucht werden muss. Hierzu sind auf dem Antrag zur Patenterteilung im Abschnitt „Prioritätserklärung" die entsprechenden Angaben (Anmeldenummer und -datum) zur in Anspruch zu nehmenden Prioritätsanmeldung zu machen. Eingereicht werden kann eine solche Prioritätsanmeldung bei mehr oder weniger jedem nationalen oder regionalen Patentamt. Nur der ursprüngliche Anmelder oder sein Rechtsnachfolger kann eine Priorität in Anspruch nehmen.

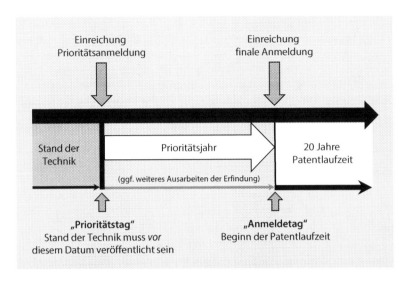

◘ Abb. 7.1   Zusammenhang von Prioritätsanmeldung, finaler Anmeldung, Beginn der Patentlaufzeit und der relevante Stand der Technik

> **Wer eine Priorität beanspruchen möchte, darf unter keinen Umständen den Ablauf des Prioritätsjahres verpassen – noch nicht mal um einen Tag. Wurde die früheste Prioritätsanmeldung zum Beispiel am 5. April 2016 eingereicht, *muss* die Anmeldung, die diese Priorität in Anspruch nimmt, *spätestens* am 5. April 2017 beim Patentamt eingehen. Da immer damit gerechnet werden muss, dass die Technik zum Einreichen eventuell nicht funktioniert, wird üblicherweise einen Tag vorher eingereicht. So kann im Notfall am nächsten Tag ein zweiter Versuch unternommen werden. Fällt der Ablauf des Prioritätsjahres auf ein Wochenende, reicht es noch, wenn die Anmeldung am darauffolgenden Montag eingeht. Für EP-Anmeldungen gilt außerdem: Läuft das Prioritätsjahr an einem Tag ab, an dem mindestens eine der EPA-Annahmestellen geschlossen ist, kann die Anmeldung noch am nächsten Arbeitstag eingereicht werden (ähnliches gilt für andere Patentämter und die entsprechenden nationalen Feiertage). Um Fehler zu vermeiden, sollten diese Möglichkeiten aber besser nicht ohne Not maximal ausgereizt werden.**

Zum Text der Prioritätsanmeldung darf der Anmelder weitere oder bevorzugte Ausführungsformen hinzufügen, etwa zusätzliche Beispiele oder sonstige Erkenntnisse, die während des Prioritätsjahrs gewonnen wurden. Erst die am Anmeldetag eingereichte Patentanmeldung ist die finale Fassung – ab jetzt kann inhaltlich nichts mehr nachgetragen werden. Zu beachten ist aber, dass sich die Erfindung nicht grundsätzlich ändern darf, um eine Priorität in Anspruch nehmen zu können: Eine Priorität ist nur dann wirksam in Anspruch genommen, wenn es sich bei der Prioritätsanmeldung und der bzw. den Nachanmeldungen um dieselbe Erfindung handelt.

Zwar ist ein Patentanmelder nicht verpflichtet, zunächst eine Prioritätsanmeldung einzureichen. Warum aber diese Vorteile nicht nutzen? Diese liegen auf der Hand:

▬ Wird die Prioritätsanmeldung früh eingereicht, reduziert sich der Stand der Technik auf das, was vor dem Prioritätstag bekannt war.

▬ Der Anmelder kann noch ein Jahr damit verbringen, weitere Erkenntnisse zu der Anmeldung zu gewinnen.

▬ Die 20-jährige Patentlaufzeit beginnt erst mit dem Anmeldetag, der bis zu einem Jahr nach dem Prioritätstag liegt.

Bisher war immer nur von *einer* Prioritätsanmeldung die Rede. Das heißt aber nicht, dass es nicht auch mehr als eine Prioritätsanmeldung geben kann. Im Gegenteil: Ein Patentanmelder kann innerhalb des Prioritätsjahres so viele Prioritätsanmeldungen einreichen, wie er möchte.

> **Das Prioritätsjahr beginnt mit der Einreichung der ersten Prioritätsanmeldung zu laufen und verlängert sich nicht durch weitere Prioritätsanmeldungen.**

Es ist sogar sinnvoll, immer dann eine weitere Prioritätsanmeldung einzureichen – auch **Nachanmeldung** *(subsequent filing)* genannt –, wenn es neue Erkenntnisse gibt. Warum? Auch wenn das Prioritätsdatum der ersten Prioritätsanmeldung eine Art Mauer für den Stand der Technik errichtet, gilt das nur für die Teile der Erfindung, die die Patentanmeldung bereits zu diesem Zeitpunkt enthalten hat. Alles, was in einer Nachanmeldung neu hinzukommt, erhält als relevantes Datum für den Stand der Technik den Tag, an dem diese Information offiziell das Patentamt erreicht.

Gibt es also nicht nur eine Prioritätsanmeldung, sondern mehrere, gibt es auch mehrere Prioritätsdaten für eine Erfindung. Im Erteilungsverfahren (oder bei einem Einspruch) kann es also nötig werden, das jeweilige Prioritätsdatum für jedes einzelne Element der Erfindung zu identifizieren – wenn zum Beispiel ein bestimmter Stand der Technik erst nach dem frühesten Prioritätsdatum, aber vor einem weiteren, späteren Prioritätsdatum veröffentlicht wird. Für alles, was erst in der zweiten Prioritätsanmeldung enthalten war, ist diese Veröffentlichung Stand der Technik (■ Abb. 7.2):

Und so sieht es praktisch aus: Eine Erfindung A wird am 1. Juni zum Patent angemeldet. Während des Prioritätsjahres lernt der Anmelder zunächst, dass die Ausführungsform A1 besonders vorteilhaft ist. Etwas später findet er dann womöglich heraus, dass auch A2 recht gut geeignet ist. Am 1. August reicht der Anmelder eine Nachanmeldung für A1 als Ausführungsform von A ein und am 1. Oktober eine weitere für A2. Es gibt also drei verschiedene Prioritätsdaten: den 1. Juni für A, ganz allgemein den 1. August für Ausführungsform A1 und den 1. Oktober für Ausführungsform A2. Um einen Anspruch erteilt zu bekommen, der sich spezifisch auf A1 bezieht, darf A1 nicht vor dem 1. August publiziert worden sein. Analog dazu darf für einen Anspruch auf A2 vor dem 1. Oktober nichts über A2 veröffentlicht worden sein. Würde der Erfinder also am 10. September einen Vortrag über A und die Vorzüge von A1 und A2 halten, wäre dieser Vortrag neuheitsschädlicher Stand der Technik für A2, weil A2 zu diesem Zeitpunkt noch nicht in einer Nachanmeldung enthalten war. Möchte der Erfinder dagegen am 20. November ein Poster mit A, A1 und A2 zeigen, schadet dies der Patentfähigkeit von A1 und A2 nicht: Beide wurden bereits zum Patent angemeldet.

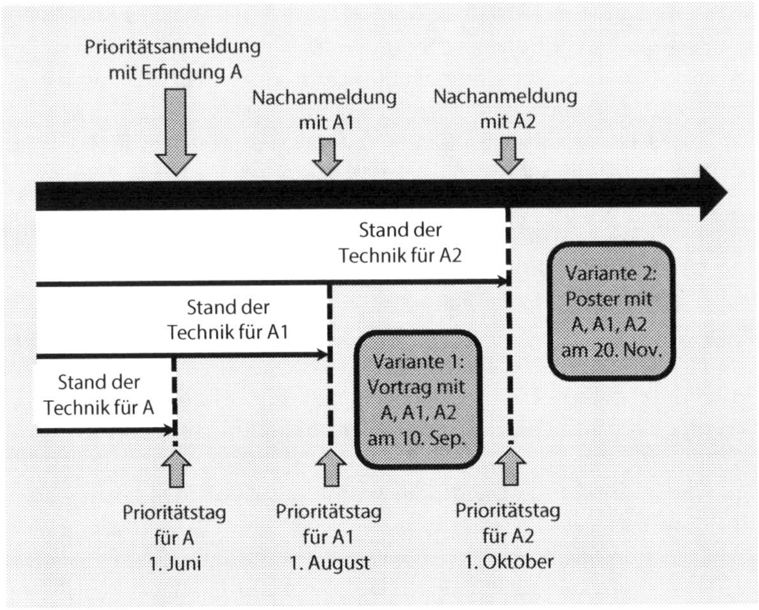

● **Abb. 7.2**   Prioritätsdaten bei Nachanmeldungen und die Problematik zwischenzeitlicher
Veröffentlichungen

> ◈ **Es ist nicht nur notwendig, dass die eigene Erfindung vor einer ersten
> Veröffentlichung (Paper, Poster, Vortrag, Diskussionen mit Kollegen …) zum Patent
> eingereicht wird. Es sollten auch alle neu hinzugekommenen Verbesserungen
> oder Weiterentwicklungen in einer Nachanmeldung aufgenommen werden, bevor
> darüber gesprochen wird oder sie publiziert werden. Anderenfalls kann es für diese
> ganz speziellen Verbesserungen oder Weiterentwicklungen keinen Patentschutz
> mehr geben, da sie bereits öffentlich wurden.**

Leider dauert es jedoch manchmal länger als ein Jahr, bis alle Experimente fertig sind.
Welche Möglichkeiten gibt es, wenn wichtige Ergebnisse erst nach Ablauf des Prioritätsjahres aufkommen?

Neben dem Ablauf des Prioritätsjahres gibt es noch ein weiteres wichtiges Datum,
das im Kalender markiert werden sollte: die Veröffentlichung der EP-Anmeldung. Die
geschieht 18 Monate nach dem Anmeldetag beziehungsweise 18 Monate nach dem Prioritätstag, wenn eine Priorität in Anspruch genommen wurde. Solange die EP-Anmeldung
nicht veröffentlicht ist, gilt sie als Stand der Technik nach Art. 54(3) EPÜ. Somit ist sie nur
neuheitsschädlich, aber sie kann nicht für erfinderische Tätigkeit herangezogen werden
(▶ Abschn. 2.1.2 und 2.1.3).

Wurden nun wichtige Erkenntnisse gewonnen, nachdem das Prioritätsjahr abgelaufen
ist, aber noch bevor die EP-Anmeldung veröffentlicht wurde, kann dieser spezielle Sachverhalt ausgenutzt werden: Eine Patentanmeldung, die eine Weiterentwicklung der Erfindung aus der ersten Anmeldung umfasst, wird nicht identisch zu dieser sein. Somit wäre
eine Anmeldung für diese Weiterentwicklung neu gegenüber der bereits eingereichten

Anmeldung. Die Weiterentwicklung mag nicht erfinderisch gegenüber der früheren Patentanmeldung sein, doch das ist irrelevant – die frühere Anmeldung ist noch nicht veröffentlicht und darf nicht herangezogen werden, um die erfinderische Tätigkeit einzuordnen.

Bei diesen Überlegungen geht es jedoch nur darum, dass die eigene frühere Anmeldung kein problematischer Stand der Technik ist. Das schließt aber natürlich nicht aus, dass in der Zwischenzeit Dritte relevanten Stand der Technik veröffentlichen, der der Neuheit und erfinderischen Tätigkeit der später eingereichten Anmeldung durchaus schaden könnte.

Praktisch heißt das Folgendes: Es ist wichtig für den Erfinder, innerhalb des Prioritätsjahres möglichst viel Wissen zu der Erfindung anzusammeln und in die finale Fassung aufzunehmen. Die erste wichtige Frist dafür läuft maximal zwölf Monate nach dem frühesten Prioritätsdatum ab. Wichtig ist auch die 18-Monate-Frist nach dem frühesten Prioritätsdatum, denn in dieser Zeit kann eine neue, von der ersten vollkommen unabhängige Patentanmeldung eingereicht werden, die im Vergleich zur ersten Anmeldung lediglich neu sein muss, um patentfähig zu sein. Bei dieser zweiten, unabhängigen Anmeldung kann natürlich wieder das Prioritätsjahr genutzt werden. Allerdings ist die erste Patentanmeldung mit ihrer Veröffentlichung sowohl für die Neuheit als auch für die erfinderische Tätigkeit relevant für alles, was nach der Veröffentlichung der ersten Anmeldung in diese zweite oder noch folgende Anmeldungen aufgenommen wird.

Was aber, wenn wichtige neue Ergebnisse erst nach der Veröffentlichung einer ersten Patentanmeldung vorliegen? Dann wird es schwieriger, denn Patentschutz kann es hierfür nur noch geben, wenn diese Weiterentwicklung sowohl neu als auch erfinderisch im Vergleich zur Erfindung aus der früheren Anmeldung ist.

7.2.2 Gebühren und wie sie gespart werden können

Mit Einreichen einer Patentanmeldung beim EPA werden diverse Gebühren fällig: Innerhalb eines Monats sind die Anmeldegebühr (bei Online-Einreichung 120 Euro), Recherchengebühr (1300 Euro) und je nach Umfang noch Seiten- und Anspruchsgebühren zu entrichten. Später fallen noch weitere Kosten an. Müssten alle diese Gebühren für jede Prioritätsanmeldung gezahlt werde, könnte es sehr teuer für den Anmelder werden. Das Erfreuliche: Um eine Priorität in Anspruch nehmen zu können, braucht der Anmelder nur den Prioritätstag *(priority date)*. Diesen erhält er aber auch, ohne zu zahlen: Ohne Gebühreneingang weist das EPA zwar die Anmeldung zurück und der Anmelder erhält keinen Recherchenbericht –, aber der Prioritätstag bleibt erhalten und kann in Anspruch genommen werden.

Üblicherweise werden die Gebühren deshalb nur für die erste Prioritätsanmeldung gezahlt. Das EPA erstellt für die Erfindung einen Recherchenbericht und der Anmelder erhält eine erste Einschätzung dazu, inwieweit seine Erfindung patentfähig ist. Für alle weiteren Prioritätsanmeldungen zahlt er dann keine Gebühren mehr, kann aber trotzdem von der Priorität profitieren.

Wer die Patentkosten maximal reduzieren möchte, zahlt auch die Gebühren für die erste Anmeldung nicht. Allerdings bekommt man dann auch hier keinen Recherchenbericht. Der kann aber durchaus sinnvoll sein, um die Chancen der Patentanmeldung einschätzen zu können, sodass dieser Weg üblicherweise nur selten gewählt wird.

7.2.3 **Was geschieht im Prioritätsjahr beim EPA?**

Bisher ging es nur darum, was der Erfinder während des Prioritätsjahres machen kann. Aber was tut eigentlich das EPA, nachdem dort eine Prioritätsanmeldung eingegangen ist?

Zunächst landet die Anmeldung in der Eingangsstelle. Dort wird geprüft, ob sie den Mindestanforderungen entspricht, die für die Zuteilung eines Anmeldetags beziehungsweise Prioritätstages erfüllt sein müssen. Diese sind gering: Benötigt werden ein Hinweis, dass ein europäisches Patent beantragt werden soll, Angaben, die den Anmelder identifizieren und es ermöglichen, ihn zu kontaktieren, sowie irgendeine Beschreibung der Erfindung (Regel 40 EPÜ). Die Daten zum Anmelder sind in der Regel Name und Adresse, aber bereits eine E-Mail-Adresse oder Faxnummer kann reichen, wenn sich diese eindeutig einem bestimmten Anmelder zuordnen lässt. Idealerweise wird aber für den Antrag das entsprechende Formblatt des EPAs verwendet (Formblatt 1001), das kostenlos auf der Homepage des EPA heruntergeladen werden kann. Das ist zwar nicht vorgeschrieben, aber so lässt sich sicherstellen, dass auf jeden Fall alle notwendigen Angaben dabei sind.

Eine Anmeldung muss allerdings noch weitere Anforderungen erfüllen: Es müssen ein oder mehrere Patentansprüche, eine Zusammenfassung und – sofern die Anmeldung DNA- oder Proteinsequenzen enthält – ein Sequenzprotokoll (▶ Abschn. 6.2.10) vorhanden sein. Fehlt hiervon etwas, kann der Anmelder es üblicherweise innerhalb einer bestimmten Frist nachreichen, ohne dass sich der Anmelde- beziehungsweise Prioritätstag verschiebt (Regel 58 EPÜ). Auch eine Formatierung der Beschreibung, die nicht den Anforderungen aus Regel 46 EPÜ entspricht (Seitenränder, Zeilenabstand, Schriftgröße), ist zu korrigieren. Stellt die Eingangsabteilung einen oder mehrere solche Mängel fest, wird der Anmelder aufgefordert, Fehlendes nachzureichen beziehungsweise Fehlerhaftes zu berichtigen. Kommt der Anmelder dem rechtzeitig nach, ist alles in Ordnung. Macht er es nicht, wird die Anmeldung zurückgewiesen und kann nicht weiterverfolgt werden.

Die Anforderungen für einen Anmelde- beziehungsweise Prioritätstag sind minimal und vieles kann ohne Nachteile für den Anmelder nachgereicht werden. Also kann beim Einreichen einer Patentanmeldung eigentlich nicht viel schief gehen. Oder doch?

Ganz so einfach ist nicht: Ist beim EPA nur eine unvollständige Beschreibung eingegangen und müssen Seiten nachgereicht werden, gilt erst der Tag, an dem alle Seiten beim EPA angekommen sind, als Anmelde- beziehungsweise Prioritätstag. So etwas kann vorkommen – etwa wenn die Anmeldung per Fax erfolgt und das Faxgerät zum Beispiel nicht alle Seiten einzeln einzieht. Dieses Problem gibt es bei der Online-Einreichung zwar nicht. Allerdings könnte es hier passieren, dass versehentlich nicht die finale Fassung eingereicht wird, sondern ein Textentwurf, der womöglich nicht die komplette Beschreibung umfasst. Gehören zur Erfindung auch Zeichnungen, liegen diese vielleicht als separate Dateien vor und werden eventuell vergessen. Dann gelten die Zeichnungen ebenfalls als nicht rechtzeitig eingereicht.

Passiert so etwas, hat der Erfinder zwei Möglichkeiten: Er kann auf die fehlenden Seiten verzichten und den Anmelde- beziehungsweise Prioritätstag behalten. Oder er reicht die fehlenden Seiten nach, aber dann verschiebt sich der Anmeldetag auf den Tag, an dem die Anmeldung vollständig eingegangen ist. Was also tun?

Würde sich der Anmeldetag über das Ende des Prioritätsjahres hinaus verschieben, verliert der Anmelder die Vorteile durch die in Anspruch genommen Priorität –, was üblicherweise inakzeptabel ist. Hat der Anmelder die Erfindung in der Zwischenzeit bereits veröffentlicht, zum Beispiel in einem Poster oder Vortrag, können die fehlenden Teile ebenfalls nicht mehr nachgereicht werden, da sonst das Poster oder der Vortrag neuheitsschädlich ist. In beiden Fällen wird der Anmelder auf Nachreichungen verzichten müssen.

Nur wenn es sich zum Beispiel um die erste Prioritätsanmeldung handelt, bisher keine andere Veröffentlichung der Ergebnisse erfolgt ist und auszuschließen ist, dass ein Dritter in der Zwischenzeit diese Erfindung veröffentlicht oder zum Patent angemeldet hat, kann es sinnvoll sein, die fehlenden Teile nachzureichen.

Nachdem also die Eingangsstelle geprüft hat, ob die beschriebenen Anforderungen (und noch einige weitere, auf die hier aber nicht eingegangen werden soll) erfüllt sind, leitet sie die Anmeldung an die Recherchenabteilung weiter. Diese recherchiert den Stand der Technik (▶ Abschn. 4.2.1 und 4.2.3) und erstellt basierend darauf einen Recherchenbericht. Dieser besteht grob aus zwei Teilen: Im ersten sind verschiedener Dokumente gelistet, die die Recherchenabteilung als relevant ansieht, um die Patentfähigkeit der Erfindung zu beurteilen, und der zweite enthält eine ausführliche Erklärung zur Patentfähigkeit der Erfindung (bei Neuheit/erfinderischer Tätigkeit in Bezug auf die gefundenen Dokumente). Sind Begriffe unklar, stützt die Beschreibung die Erfindung nicht genug (▶ Abschn. 6.2.7) oder gibt es sonstige Einwände, wird der Recherchenbericht auch hierzu entsprechende Angaben machen.

Die Recherchenabteilung ist angehalten, den Bericht innerhalb von sechs Monaten nach Einreichen der Anmeldung zu erstellen. Das funktioniert nicht immer, aber meist erhält der Anmelder den Recherchenbericht rechtzeitig, bevor das Prioritätsjahr abläuft, sodass er ihm wertvolle Hinweise für die final einzureichende Anmeldung entnehmen kann. Listet der Bericht zum Beispiel neuen Stand der Technik auf, den der Anmelder bisher nicht kannte, können eventuell neue Rückzugspositionen in die Beschreibung aufgenommen werden. Die Beschreibung (und eventuell auch die Ansprüche) sollte dann so überarbeitet werden, dass möglichst alle Beanstandungen adressiert sind. Im Erteilungsverfahren machen es diese Anpassungen einfacher, auf die vermutlich sehr ähnlichen Einwände adäquat reagieren zu können.

7.3 Nach dem Prioritätsjahr

Mit Ablauf des Prioritätsjahres muss der Anmelder entscheiden, wie es weitergehen soll. Grob gesehen kann er auf zweifache Art vorgehen: Einerseits kann er eine oder mehrere nationale beziehungsweise regionale (zu regionalen Patentverbünden siehe ▶ Abschn. 1.5) Patentanmeldungen unter Inanspruchnahme der Priorität einreichen. Andererseits kann er das Patent international anmelden. Alternativ ist auch eine Kombination aus beidem möglich. Alles davon hat eigene Vor- und Nachteile.

7.3.1 Eine oder mehrere nationale beziehungsweise regionale Anmeldungen

Wenn der Anmelder bereits zum Ende des Prioritätsjahres weiß, dass er nur in einem oder einigen wenigen Ländern (beziehungsweise Regionen) Schutz für seine Erfindung erhalten möchte, kann es zweckmäßig sein, das Patent direkt in diesen Ländern anzumelden und dabei die Priorität(en) der früheren Anmeldung(en) in Anspruch zu nehmen.

Hierfür verlangen die meisten Länder, dass ein Patentanwalt vor Ort bestellt wird, falls der Anmelder in dem Land keinen Wohn- beziehungsweise Firmensitz hat. Es müssen Gebühren an das nationale Patentamt gezahlt werden, die Anmeldung gegebenenfalls in die Amtssprache des Landes übersetzt werden und eventuell ist der Text anzupassen, um den Anforderungen des nationalen Patentamtes zu entsprechen. Das bedeutet aber, dass bereits am Ende des Prioritätsjahres recht erhebliche Kosten auf den Anmelder zukommen. Häufig ist aber dann noch gar nicht absehbar, ob sich die Erfindung überhaupt kommerzialisieren lässt. Deshalb sollen die Kosten in so einem frühen Stadium häufig lieber so gering wie möglich gehalten werden. Oft ist zu diesem Zeitpunkt auch unklar, in welchem Land Patentschutz sinnvoll ist.

Die Anmeldung direkt in einigen wenigen Ländern weiterzuverfolgen ist also zwar grundsätzlich möglich. Aus den geschilderten Gründen wird dies aber gerade im Bereich biowissenschaftlicher und chemischer Erfindungen eher selten wahrgenommen. Viel häufiger folgt auf das Prioritätsjahr eine internationale Anmeldung.

7.3.2 Die internationale Anmeldung

Eine internationale Anmeldung mit Inanspruchnahme der Priorität(en) wird auch als PCT-Anmeldung bezeichnet, das Kürzel für *patent cooperation treaty* (auf Deutsch: Vertrag über die internationale Zusammenarbeit auf dem Gebiet des Patentwesens). Ein Vorteil liegt darin, dass der Anmelder zunächst nur *eine* Anmeldung einreichen muss, was den Verwaltungsaufwand und die Kosten senkt. Wird die Anmeldung auf Deutsch, Englisch, Französisch, Spanisch, Portugiesisch, Russisch, Arabisch, Chinesisch, Japanisch oder Koreanisch eingereicht, ist für das PCT-Verfahren keine weitere Übersetzung notwendig. Beides hält die anfänglichen Kosten niedrig. Erst mit Ablauf dieser sogenannten internationalen Phase sind in den Ländern Patentanmeldungen einzureichen, in denen Patentschutz gewünscht ist, denn im PCT-Verfahren selbst werden keine Patente erteilt. Es handelt sich nur um ein von allen PCT-Mitgliedsstaaten akzeptiertes Anmeldeverfahren – eine PCT-Anmeldung, die formal den Anforderungen des PCTs entspricht, müssen die PCT-Mitgliedsstaaten akzeptieren.

Durch das PCT-Verfahren wird der Zeitpunkt nach hinten verschoben, zu dem hohe Kosten anfallen, was üblicherweise vorteilhaft für den Anmelder ist.

Hinter dem PCT steht die World Intellectual Property Organization (WIPO), die Weltorganisation für geistiges Eigentum. Für alle Anmelder besteht die Möglichkeit, über das Internationale Büro Anmeldungen einzureichen, also direkt bei der WIPO. Häufiger werden PCT-Anmeldungen jedoch beim zuständigen nationalen oder regionalen Amt eingereicht. Welches das ist, hängt von Firmen- oder Wohnsitz des Anmelders ab.

In der internationalen Phase findet ebenfalls eine Recherche statt. Während zwar alle Patentämter der PCT-Mitgliedstaaten PCT-Anmeldungen annehmen können, machen nur einige wenige davon auch diese Recherche – im europäischen Raum zum Beispiel das österreichische, spanische, finnische, schwedische und das europäische Patentamt. Je nachdem, wo der Anmelder seine PCT-Anmeldung eingereicht hat, gibt es eine oder mehrere zuständige Recherchenbehörden. Bei mehr als einer kann der Anmelder eine davon wählen.

Wird die PCT-Anmeldung beim EPA eingereicht, ist dies auch die zuständige Recherchenbehörde. Nicht selten erstellt die gleiche Person, die schon den Recherchenbericht im Prioritätsjahr verfasst hat, auch den Recherchenbericht in der internationalen Phase. Sofern der Anmelder die Ansprüche nicht grundlegend geändert hat und sich in der Zwischenzeit kein neuer Stand der Technik ergeben hat, fallen die beiden Recherchenberichte vermutlich sehr ähnlich aus – wenn sie nicht sogar inhaltlich fast identisch sind. Der Informationsgewinn für den Anmelder ist also begrenzt. Immerhin bekommt der Anmelder dann zumindest die für die Recherche entrichtete Gebühr teilweise zurück.

Ist der internationale Recherchenbericht positiv und wird die Erfindung für patentierbar erachtet, wird der Anmelder sich darüber freuen – und erst einmal nichts Weiteres unternehmen. Viel öfter ist der Recherchenbericht zumindest teilweise negativ, weil man die Erfindung so, wie sie beansprucht wird, für nicht patentierbar hält. Dann kann der Anmelder zweierlei tun.

Er kann zum Beispiel eine internationale vorläufige Prüfung beantragen und neben dieser Formalie auch schriftlich auf die im Recherchenbericht vorgebrachten Einwände antworten. Er kann zum Beispiel argumentieren, warum bestimmte Einwände nicht zutreffen, und/oder geänderte Ansprüche einreichen, um sich vom zitierten Stand der Technik abzusetzen. Die internationale Recherchenbehörde wird dies prüfen und dann einen internationalen vorläufigen Bericht zur Patentfähigkeit der Erfindung erstellen. Konnte der Anmelder nun überzeugen, wird dieser Bericht positiv ausfallen – oder zumindest positiver. Gelang dies nicht, werden unter Umständen die Einwände aus dem internationalen Rechercheberricht – eventuell in anderer Form – wiederholt und es ist kein Fortschritt erzielt. Der Anmelder kann aber auch auf den Antrag auf internationale vorläufige Prüfung verzichten. In diesem Fall entspricht der internationale Recherchenbericht dem internationalen vorläufigen Bericht zur Patentfähigkeit.

Grundsätzlich kann es durchaus dienlich sein, wenn der internationale Recherchenbericht positiv ausfällt, weil es in manchen Ländern das Erteilungsverfahren unter Umständen vereinfacht und beschleunigt. Manche Patentämter ignorieren die Befunde aus dem internationalen Recherchenbericht jedoch, sodass es gleich ist, ob er positiv oder negativ ausfällt. Sehr häufig wird deshalb keine internationale vorläufige Prüfung angestrebt, weil der Aufwand und die mit dem Antrag verbundenen Kosten als zu hoch im Vergleich zum potenziellen Nutzen erscheinen.

In der internationalen Phase wird die Patentanmeldung üblicherweise veröffentlicht, standardmäßig 18 Monate nach dem frühesten Prioritätstag. Die WIPO veröffentlicht die PCT-Anmeldung unter einer Veröffentlichungsnummer, die mit „WO" beginnt, gefolgt von der vierstelligen Jahreszahl des Veröffentlichungsjahres und einer fortlaufenden Nummer. Die Veröffentlichung der PCT-Anmeldung ist dann in der Regel die erste Veröffentlichung der Erfindung – also der Zeitpunkt, zu dem zum Beispiel Konkurrenten erstmals die Erfindung einsehen können (sofern der Anmelder die Erfindung nicht vorher bereits publiziert hat).

Zum Ende der internationalen Phase muss der Anmelder überlegen, in welchen PCT-Mitgliedsländern er Patentschutz wünscht. Hierfür muss die PCT-Anmeldung in diesen Ländern „nationalisiert" werden – (beziehungsweise „regionalisiert", wenn es sich um einen zwischenstaatlichen Patentverbund wie das EPÜ handelt). Das bedeutet, dass hierfür üblicherweise ein Patentanwalt in dem entsprechenden Land damit betraut, die Patentanmeldung gegebenenfalls übersetzt und Gebühren ans entsprechende Patentamt gezahlt werden müssen. Häufig sind die Patentansprüche auch noch an die jeweiligen nationalen Vorgaben anzupassen, zum Beispiel betrifft das oft die Formulierungen bei der ersten oder zweiten medizinischen Indikationen (▶ Abschn. 3.3), bei der es große nationale Unterschiede gibt.

> Das USPTO akzeptiert Ansprüche für eine erste oder zweite medizinische Indikation nur in der Form „Verfahren zur Behandlung eines Patenten, der an Krankheit X leidet, durch Gabe einer pharmazeutisch wirksamen Menge des Wirkstoffs Y". Da es sich hierbei um einen Anspruch für eine therapeutische Behandlung handelt, wäre dieser in EP nicht erteilbar.

> Für den Eintritt in die nationale US-Phase werden außerdem Mehrfachrückbezüge aus den Ansprüchen gestrichen – abhängige Ansprüche, die sich auf mehr als einen Anspruch zurückbeziehen. Grundsätzlich sind sie nicht verboten. Sie ziehen aber extrem hohe zusätzliche Gebühren nach sich, sodass es ratsam ist, auf sie zu verzichten. Ein abhängiger US-Anspruch bezieht sich deshalb üblicherweise nur auf einen Anspruch.

Beschließt der Anmelder, die Anmeldung nicht weiterzuverfolgen, wird er auf die Nationalisierung ganz verzichten, um damit auch neue Kosten zu sparen.

Als Faustregel gilt, dass spätestens 30 Monate nach dem frühesten Prioritätsdatum der Eintritt in die nationale Phase erfolgen muss. Das EPA erlaubt 31 Monate und Kanada gegen Zahlung einer Verspätungsgebühr sogar 42 Monate. Wer aber mit 30 Monaten plant, versäumt keine Frist. Wird der Ablauf der Spanne versäumt, ohne eine nationale Patentanmeldung einzureichen, hat der Anmelder eventuell keine Möglichkeit mehr, Patentschutz zu erlangen. Er muss mit der Nationalisierung/Regionalisierung aber nicht warten, bis die internationale Phase abgelaufen ist, sondern kann diese auch für verschiedene Länder zu verschiedenen Zeitpunkten anstoßen.

Wichtig ist allerdings, dass aus dem PCT-Verfahren eine Nationalisierung/Regionalisierung nur in den Ländern möglich ist, die Mitglied des PCT sind. Das sind zwar 152 (Stand: August 2017) und somit die Mehrzahl aller Länder der Erde. Aber viele südamerikanische Länder wie Argentinien, Bolivien, Paraguay und Uruguay sowie einige weitere afrikanische und asiatische Länder – darunter auch Taiwan – sind keine Mitglieder des PCT (Stand August 2017). Wer hier Patentschutz wünscht, muss nach Ablauf des Prioritätsjahres direkt in diesen Ländern eine Patentanmeldung einreichen.

7.3.3 Internationale und nationale Anmeldungen gleichzeitig

Mit Ablauf des Prioritätsjahres kann sich der Anmelder auch entscheiden, sowohl eine internationale Anmeldung als auch eine oder mehrere nationale Anmeldungen einzureichen.

Um Patentschutz in Ländern zu erhalten, die kein Mitglied des PCT sind, muss zwangsweise mit Ablauf des Prioritätsjahres eine entsprechende nationale Anmeldung eingereicht werden. Es kann aber auch sein, dass der Anmelder in einem oder mehreren Ländern besonders schnell ein Patent erteilt bekommen möchte, um Dritten so bald wie möglich die Verwendung der Erfindung zu verbieten. Wie oben geschildert, ist das PCT-Verfahren nicht gerade der schnellste Weg zum Patent. In so einem Fall bietet es sich an, parallel eine PCT- und eine oder mehrere nationale Anmeldungen einzureichen.

In ▶ Abschn. 7.2.1 wurde viel über den Nutzen von Prioritätsanmeldungen geschrieben, aber bisher wurde noch nicht geklärt, was eigentlich am Ende des Prioritätsjahres mit ihnen geschieht. Hat der Anmelder alle Formalitäten erfüllt und Gebühren gezahlt, handelt es sich bei den Prioritätsanmeldungen um ganz normale Anmeldungen, die der Anmelder weiterführen (also zur Erteilung bringen) könnte. Möchte ein Patentanmelder zum Beispiel gerne möglichst schnell Patentschutz in Europa, könnte er theoretisch eine EP-Prioritätsanmeldung weiterführen und bei Interesse an Schutz in anderen Ländern zusätzlich eine PCT-Anmeldung einreichen. Werden aber zum Beispiel die Gebühren nur für die erste Prioritätsanmeldung gezahlt und sind erst in späteren Prioritätsanmeldungen wichtige Ausführungsformen hinzugekommen, hat diese Anmeldung häufig nur einen geringen Wert. Prioritätsanmeldungen, für die keine Gebühren gezahlt wurden, können häufig nicht mehr weitergeführt werden, da es zu spät für eine Nachzahlung ist. Der Anmelder wird in so einem Fall also lieber eine neue EP-Anmeldung einreichen, die die Priorität(en) der früheren Anmeldung(en) in Anspruch nimmt, beziehungsweise nur oder zusätzlich eine PCT-Anmeldung und die Prioanmeldungen nicht weiter verfolgen.

Weil für die EP-Prioritätsanmeldung häufig keine sinnvolle Verwendungsmöglichkeit besteht, werden sie meistens vor Veröffentlichung vorsichtshalber zurückgezogen, wenn Gebühren gezahlt wurden (alle anderen sind nicht mehr anhängig und werden deshalb nicht veröffentlicht).

7.4 Nationale/Regionale Phase

Nach der internationalen Phase wird der Anmelder seine Anmeldung in den Ländern oder Regionen nationalisieren beziehungsweise regionalisieren, wo er Patentschutz haben möchte. Die Anmeldung tritt also in die „nationale/regionale Phase" ein. Theoretisch können beliebig viele Länder und Regionen gewählt werden, die Kosten beschränken die Liste aber gewöhnlich auf eine überschaubare Zahl. Ganz grob geschätzt kostet allein das Einleiten der nationalen/regionalen Phase 2000 bis 5000 Euro pro Land, was von der Zahl der Seiten und der Ansprüche abhängt. Allerdings nur, sofern keine Übersetzung notwendig ist: Mit Übersetzung wird es jeweils um einige tausend Euro teurer.

Da kein Anmelder Patentschutz in allen Ländern beantragen kann, muss er wählen. Hierzu muss er abschätzen, wo auf der Welt das Marktpotenzial des Produktes am größten sein könnte. Häufig wird eine Anmeldung zumindest in Europa und den USA verfolgt, auch Japan, Kanada, Australien und China stehen hoch im Kurs. Eine eher nicht so wichtige Anmeldung wird überwiegend nur in einigen wenigen Ländern verfolgt. Für kleinere Unternehmen sind gemeinhin zehn bis 20 Länder das maximal Mögliche. Große Konzerne dagegen, die einer Anmeldung ein großes Potenzial zutrauen, werden sie vielleicht sogar in 30 bis 60 (oder noch mehr) Ländern verfolgen.

Patente bieten nur Schutz für eine bestimmte geografische Region. In weiten Teilen der Erde wird es also keinen Schutz geben. Demnach könnte jeder in diesen Ländern die patentierte Erfindung nutzen. Ist das nicht ein Problem für den Patentinhaber?

Meistens nicht. Vor allem nicht bei Produkten, die vor der Vermarktung einen aufwendigen Zulassungsprozess durchlaufen müssen. Hat der Anmelder Schutz in den größten Märkten einer bestimmten Region, wird es sich für einen Konkurrenten meistens nicht lohnen, das Produkt in den übrigen Ländern auf den Markt zu bringen.

Während der nationalen Phase erstellt normalerweise jedes Patentamt wieder Recherchenberichte. Nach einer internationalen Phase wird dabei aber meistens auf den Recherchenbericht aus der PCT-Phase verwiesen oder dieser mehr oder weniger kopiert.

Patenterteilungsverfahren laufen üblicherweise nach sehr ähnlichen Schemata ab: Das Patentamt erstellt einen **Amtsbescheid** *(office action)*, in dem Argumente vorgebracht sind, die aus Sicht des Amts gegen eine Patentierbarkeit sprechen. Daraufhin wird der Anmelder im Allgemeinen Argumente vorbringen, warum er diese Sicht nicht teilt, und gegebenenfalls werden die Ansprüche angepasst, um sich vom Stand der Technik abzusetzen und die vorgebrachten Einwände auszuräumen. Dieser Austausch kann sich mehrfach wiederholen und über mehrere Jahre hinziehen. Am Ende findet sich hoffentlich ein patentfähiger Anspruchssatz, für den ein Patent erteilt wird.

> ❱❱ Im Erteilungsverfahren kann bei Änderung der Ansprüche nur auf das zurückgegriffen werden, was bereits zum Anmeldetag in der Beschreibung vorhanden war. Alle Änderungen, die darüber hinausgehen, sind unzulässig.

Ein erster Amtsbescheid ist selten rundum positiv. In der Regel sind die zuerst eingereichten Ansprüche nicht neu, nicht erfinderisch, nicht klar oder nicht durch die Beschreibung gestützt. Das sollte aber niemanden entmutigen – ein negativer Amtsbescheid ist nicht ungewöhnlich und Patentfachleute finden häufig Wege, um die Einwände auszuräumen, sodass für die Erfindung doch noch ein Patent erteilt wird. Da sich der Erfinder auf dem jeweiligen Gebiet durchweg gut auskennt, kann es helfen, ihn ins Erteilungsverfahren einzubeziehen.

Es kann natürlich auch vorkommen, dass eine Anmeldung direkt allen Anforderungen entspricht und schon der erste Amtsbescheid positiv ausfällt.

Abschließend liefert ◻ Abb. 7.3 eine Übersicht über die wichtigsten Ereignisse und Termine im Leben einer Patentanmeldung. Vereinfachend wurde hier nur von einer Prioritätsanmeldung ausgegangen und es wurden keine nationalen Anmeldungen parallel zur PCT-Anmeldung eingereicht.

Häufig wird im Patentwesen auch von **Patentfamilien** *(patent families)* gesprochen. Dazu gehören alle Anmeldungen und Patente, die – wie die Mitglieder einer Familie – miteinander verwandt sind. Das verbindende Element ist die Priorität: Alle Mitglieder haben mindestens eine oder sogar alle Prioritäten gemeinsam. Zu einer Familie gehören dann zum Beispiel eine oder mehrere Prioritätsanmeldungen, eine PCT-Anmeldung und diverse nationale Anmeldungen.

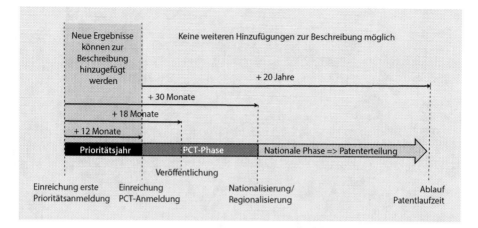

Abb. 7.3 Der Weg einer Patentanmeldung von der frühesten Prioritätsanmeldung bis zum Ablauf der Patentlaufzeit

7.5 Hilfreiche Links

Wer sich einen Überblick über die Probleme in Bezug auf die nationale Sicherheit und den damit verbundenen Beschränkungen bei der Wahl des Patentamtes informieren möchte (► Abschn. 7.1.3), findet hier http://www.wipo.int/pct/de/texts/nat_sec.html eine Übersicht über alle relevanten Länder.

Alles rund um die Patenterteilung

Von Patentlaufzeit, Patentverletzung, Einspruch und allem anderen, über das bisher noch nicht geschrieben wurde

© Springer-Verlag GmbH Deutschland, ein Teil von Springer Nature 2018
S. Vorwerk, *Schritt für Schritt zum Patent*,
https://doi.org/10.1007/978-3-662-55966-6_8

Der Weg zum eigenen Patent mag zwar lang sein, aber irgendwann wird hoffentlich die Belohnung in Form einer Patenturkunde stehen – wobei das Dokument für EP-Patente eher schlicht und wenig beeindruckend ist. Hier geht es nun weiter, wo ▶ Kap. 7 aufgehört hat.

8.1   Was muss vor der Patenterteilung geschehen?

Nachdem im Erteilungsverfahren Argumente und geänderte Ansprüche zwischen dem EPA und Anmelder ausgetauscht wurden, üblicherweise mehrfach, ist hoffentlich irgendwann der Punkt erreicht, an dem das EPA die Ansprüche für patentierbar hält. Der Anmelder erhält dann eine sogenannte Mitteilung nach Regel 71(3) EPÜ (benannt nach der entsprechenden Regel). Neben einem Grund zur Freude bringt diese Mitteilung aber auch einige Aufgaben für den Anmelder.

8.1.1   Mitteilung nach Regel 71(3) EPÜ

Zunächst enthält die Mitteilung eine Übersicht über die bibliografischen Daten, die der Anmelder unbedingt prüfen sollte: Ist alles vollständig und vor allem richtig? Das EPA wird außerdem die zu erteilenden Ansprüche beifügen und auch hier lohnt ein Check. Rechtschreibfehler, falsche Abhängigkeiten von Ansprüchen und andere Mängel sollten auf jeden Fall vor der Erteilung korrigiert werden. Nicht nur das EPA, auch andere Patentämter räumen die Möglichkeit ein, Fehler in den Ansprüchen und den bibliografischen Daten zu korrigieren. Eine Besonderheit des EPA ist aber, dass vor der Erteilung auch die Beschreibung anzupassen ist, während bei anderen Patentämtern die Beschreibung für das erteilte Patent üblicherweise die gleiche ist wie die am Anmeldetag eingereichte Fassung. Anders beim EPA: Da im Erteilungsverfahren die Ansprüche häufig geändert werden (meistens durch Einschränkung des Schutzumfanges) und die Beschreibung oft auch mehr Ausführungsformen aufführt, als sich in den Ansprüchen wiederfinden, passt die Beschreibung häufig nicht mehr ganz zur geschützten Erfindung. Vor der Erteilung muss beim EPA deshalb die Beschreibung an die zu erteilenden Ansprüche angepasst werden. Zunehmend übernimmt der Prüfer am EPA diese Aufgabe und macht Vorschläge, die der Anmelder nur noch gegenlesen und gegebenenfalls korrigieren muss.

Sind die bibliografischen Daten, die Beschreibung und die Ansprüche in Ordnung, muss der Anmelder die Ansprüche in die beiden anderen Amtssprachen übersetzen beziehungsweise übersetzen lassen. Hat er die Anmeldung auf Englisch eingereicht, müssen nun also deutsche und französische Versionen eingereicht werden. Wer eine oder sogar beide dieser Sprachen spricht, könnte dies natürlich selbst übernehmen. Da aber die Patentsprache einige Eigenheiten besitzt und die verwendeten Begriffe häufig recht speziell sind, ist es meistens sinnvoller, einen professionellen Übersetzer zu beauftragen – am besten einen mit einschlägiger Erfahrung, versteht sich.

Zu guter Letzt fällt nun auch noch die Erteilungsgebühr von 925 Euro an (Stand August 2017) – und gegebenenfalls noch weitere Anspruchsgebühren, sollten diese noch nicht gezahlt worden sein. Anspruchsgebühren werden zwar beim Einreichen der Anmeldung für jeden Anspruch über 15 gezahlt. Wenn sich aber im Verlauf des Erteilungsverfahrens die Zahl der Ansprüche erhöht, muss die damit neu anfallende Anspruchsgebühr nicht direkt gezahlt werden, sondern erst dann, wenn die finale Anzahl feststeht – mit Erhalt der Mitteilung nach Regel 71(3) EPÜ.

Erfreulicherweise muss man sich alle diese Aufgaben nicht unbedingt merken. Die Mitteilung nach Regel 71(3) EPÜ listet sehr genau auf, was der Anmelder noch zu erledigen hat.

Hat der Anmelder in den Anmeldeunterlagen Fehler entdeckt, wird er sie dem EPA melden und auch gleich begründen, warum bestimmte Angaben inkorrekt und wie sie zu berichtigen sind. Betrifft das nur die bibliografischen Daten, reicht der Anmelder üblicherweise mit der Fehlermeldung auch gleich die Übersetzungen mit ein und zahlt die Gebühren. Enthalten dagegen die Ansprüche oder Beschreibung Fehler, stimmt der Anmelder den Anmeldeunterlagen zunächst nicht zu und wartet erst einmal ab. Wenn das EPA die gewünschten Änderungen akzeptiert, bekommt der Anmelder eine neue Mitteilung nach Regel 71(3) EPÜ und erst dann muss er die Übersetzungen einreichen und zahlen – und natürlich erneut die Unterlagen prüfen.

8.1.2 Teilanmeldungen

Bis zur Erteilung eines EP-Patents kann eine sogenannte **Teilanmeldung** *(divisional* oder *continuation application)* eingereicht werden. Was hat es wiederum damit auf sich?

Ein Patent darf nur eine Erfindung beanspruchen beziehungsweise eine Gruppe von Erfindungen, hinter denen das gleiche erfinderische Konzept steht (Art. 82 EPÜ). Wer zum Beispiel einen neuen pharmazeutischen Wirkstoff schützen möchte, kann einen Anspruch auf die Substanz als solche richten, aber auch auf eine pharmazeutische Zusammensetzung mit diesem Wirkstoff, die Verwendung des Wirkstoffes in einer ersten oder zweiten medizinischen Indikation und verschiedene Darreichungsformen, etwa als Tablette. Hier werden dann zwar verschiedene Arten von Gegenständen beansprucht, die aber durch die Anwesenheit des Wirkstoffes zu einem erfinderischen Konzept verbunden sind.

Es geschieht nun häufiger, dass eine Anmeldung mehr als eine Erfindung enthält. Nicht selten wird erst in Verbindung mit dem Stand der Technik erkannt, dass eine Erfindung nicht einheitlich ist, also mehr als eine Erfindung enthält (☐ Abb. 8.1).

Ein Anmelder reicht in a) eine Patentanmeldung für Substanzen der allgemeinen Formel A-B-C ein, wobei B ein aromatischer Rest ist. Es gibt drei verschiedene Ausführungsformen: 1. B ist ein monocyclischer aromatischer Carbocyclus (ein aromatischer Ring nur aus Kohlenstoffatomen), 2. B ist ein bicyclischer aromatischer Carbocyclus (ein aromatisches Ringsystem mit zwei Ringen nur aus Kohlenstoffatomen) und 3. B ist ein bicyclischer Heteroaromat (ein aromatisches Ringsystem aus zwei Ringen, die aus Kohlenstoffatomen und mindestens einem Heteroatom bestehen). Das übergeordnete erfinderische Konzept wäre eine Substanz mit der Formel A-B-C, das sozusagen ein vereinendes Dach über die drei verschiedenen Ausführungsformen bildet. Wäre die Substanz mit der Struktur A-B-C patentfähig, würden die drei Ausführungsformen zu dem erfinderischen Konzept A-B-C gehören und somit eine einheitliche Erfindung bilden.

Bei der Recherche wurde aber im Stand der Technik eine Substanz der Formel A-B-C gefunden, bei der B ein Benzylring ist (ein aromatischer Ring mit sechs Kohlenstoffatomen). Die Folge ist Fall b): Substanzen der generellen Formel A-B-C, wobei B ein

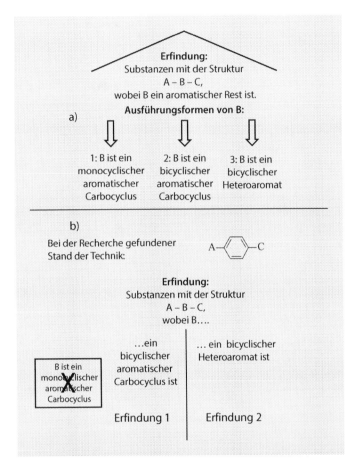

❏ **Abb. 8.1**   Eine vermeintlich einheitliche Erfindung zerfällt durch einen Stand der Technik leicht in mehrere einzelne Erfindungen: **a)** zeigt die Situation der ursprünglich eingereichten Anmeldung, **b)** diejenige in Anbetracht des gefundenen Standes der Technik

aromatischer Rest ist, sind angesichts dessen nicht mehr neu, auch die Ausführungsform 1 nicht (B = monocyclischer aromatischer Carbocyclus). So kann ein einziges Molekül einer großen Klasse von Molekülen bereits die Neuheit vorwegnehmen.

Somit fallen aber auch das übergeordnete Dach und Ausführungsform 1 weg. Übrig bleiben noch Ausführungsformen 2 und 3, die nun aber nicht mehr durch ein erfinderisches Konzept verbunden sind – das Dach ist abgetragen. Beide haben zwar das Grundgerüst A-B-C, wobei B ein aromatischer Rest ist. Aber aufgrund des Standes der Technik ist diese Grundstruktur nicht mehr neu und kann deshalb die beiden Gruppen nicht mehr zu einem erfinderischen Konzept verbinden. Somit besteht die Anmeldung aus zwei unabhängigen Erfindungen, von denen der Anmelder aber nur eine der beiden in der eingereichten Anmeldung weiterverfolgen kann.

Üblicherweise wird die erste Anmeldung, die vom Anmelder durch ein Patenterteilungsverfahren gebracht wird, als **Stammanmeldung** *(parent application)* bezeichnet. Ausgehend hiervon kann der Anmelder dann eine oder mehrere Teilanmeldungen einreichen.

Damit muss er nicht warten, bis die erste Erfindung kurz vor der Erteilung steht – er kann es jederzeit tun. Wichtig ist jedoch, dass die Teilanmeldung(-en) nur von einer noch **anhängigen** *(pending)* Anmeldung ausgehen kann (können) (Regel 36(1) EPÜ). Anhängig ist eine Anmeldung nur so lange, wie sie noch nicht erteilt oder final zurückgewiesen wurde.

In dem Beispiel aus ◻ Abb. 8.1 könnte Alternative 2 (B ist ein bicyclischer aromatischer Carbocyclus) zum Beispiel in der Stammanmeldung weiterverfolgt werden und für Alternative 3 (B ist ein bicyclischer Heteroaromat) könnte eine Teilanmeldung eingereicht werden.

In Europa kann eine Teilanmeldung nicht nur von einer Stammanmeldung ausgehend eingereicht werden, sondern auch von einer Teilanmeldung oder von der Teilanmeldung einer Teilanmeldung und so weiter (Regel 36(1) EPÜ). Theoretisch sind den Teilanmeldungsgenerationen keine Grenzen gesetzt, aber praktisch steigen die Gebühren mit weiteren Generation. In anderen Ländern kann es Beschränkungen geben, die die Zahl der Generationen beschränken und ebenso den Zeitraum, innerhalb dessen Teilanmeldungen eingereicht werden können.

Für eine Teilanmeldung gilt das gleiche Prioritätsdatum (beziehungsweise die gleichen Prioritätsdaten) und das gleiche Anmeldedatum wie für die Stammanmeldung, sodass die Patentlaufzeit für eine Stammanmeldung und alle von ihr direkt oder indirekt ausgehenden Teilanmeldungen am gleichen Tag enden. Das Einreichen einer Teilanmeldung kann also den Ablauftag des Patentschutzes nicht nach hinten verschieben.

Die Ansprüche einer Teilanmeldung können alles umfassen, was die Beschreibung zum Anmeldetag enthalten hat. Verboten ist jedoch, neue Inhalte hinzuzufügen, die vorher nicht da waren. Ansprüche mit solchen **unzulässigen Erweiterungen** *(impermissible extension)* können nicht gültig erteilt werden (Art. 123(2) EPÜ). Sollte der Prüfer eine unzulässige Erweiterung übersehen, kann ein erteiltes Patent aus diesem Grund widerrufen werden, zum Beispiel in einem Einspruchsverfahren (▶ Abschn. 8.3).

Nicht nur das EPA, sondern mehr oder weniger alle Patentämter untersagen unzulässige Erweiterungen. Eine Ausnahme gibt es aber: das USPTO. Hier gibt es sogenannte *continuation-in-part*s (CIP) – Teilanmeldungen, bei denen ein Teil der Erfindung bereits vorhanden war und ein weiterer Teil neu hinzukommt. Dies bietet dem Anmelder allerdings nur selten besonderen Nutzen, sodass CIPs kaum vorkommen. Der Anmeldetag wird dadurch nicht verschoben, er bleibt gleich zu dem Anmeldetag des Teils, der schon vorhanden war. So laufen der Patentschutz für die Stammanmeldung und eine daraus hervorgehender CIP am gleichen Tag ab. Der Teil, der schon vorhanden war, behält sein Prioritätsdatum. Für den neuen Teil gilt alles als Stand der Technik, was vor dem Tag öffentlich war, an dem dieser Teil hinzugefügt wurde.

Aus strategischer Sicht können Teilanmeldungen ein Mittel sein, um Konkurrenten im Unklaren über die FTO-Situation für ein bestimmtes Produkt zu lassen. Ist eine Patentanmeldung für einen Konkurrenten unter Umständen problematisch, kann der Anmelder durch Einreichen von immer neuen Teilanmeldungen den Zeitpunkt nach hinten verschieben, an dem auch das letzte Patent erteilt oder final zurückgewiesen wurde und somit die FTO-Situation klar ist. Vielleicht sucht sich der eine oder andere eventuelle Mitbewerber angesichts solcher Unsicherheit lieber ein anderes Gebiet, in dem die FTO-Lage einschätzbarer ist – ein Konkurrent weniger, aber eventuell auch ein für die Gesellschaft nützliches Produkt.

8.2   Das erteilte EP-Patent

Sind Anmelder und EPA mit der zu erteilenden Fassung einverstanden, die Übersetzungen eingereicht und die Gebühren gezahlt, wird das EPA das EP-Patent erteilen und in der besagten Fassung mit dem Dokumentenartencode „B1"auch veröffentlichen.

8.2.1   Validierung des EP-Patents

Damit ist zwar das Verfahren vor dem EPA abgeschlossen, aber für den Anmelder ist noch nicht Schluss: Wie in ▶ Abschn. 1.5 erklärt, ist das EP-Patent ein Bündelpatent. Um wirksam zu werden, muss es in ein Bündel von nationalen Patenten aufgeteilt werden. Der Schritt hierzu wird **Validierung** (*validation*) genannt.

Diese so aus einem EP-Patent entstandenen nationalen Patente bieten den gleichen Schutz wie ein direkt vom betreffenden nationalen Amt erteiltes Patent. Ein EP-Patent bietet in einem EP-Mitgliedsstaat aber nur dann Schutz, wenn es in diesem nach der Erteilung auch validiert wurde. Aus Kostengründen werden EP-Patente häufig jedoch nicht in allen Mitgliedsstaaten validiert. In den Ländern, in denen dies unterbleibt, ist die Erfindung frei und jeder kann sie verwenden – auch für kommerzielle Zwecke.

Jeder EPÜ-Mitgliedsstaat hat spezielle Anforderungen an die Validierung. Üblicherweise ist dafür ein Antrag zu stellen, erneut eine Gebühr zu zahlen und häufig sind wieder Übersetzungen einzureichen. Teilweise muss in dem entsprechenden Land ein Patentanwalt mit diesen Aufgaben betraut werden. Aus praktischen Gründen handhabt der Anmelder dies oft freiwillig so.

Besonders die Übersetzungen haben in der Vergangenheit die Kosten hochgetrieben. Grundsätzlich darf jedes Land verlangen, dass die gesamte Beschreibung des EP-Patents in eine seiner Amtssprachen übersetzt werden muss (Art. 65 EPÜ). Bei der Vielfalt an Amtssprachen in Europa und den häufig sehr umfangreichen Patenten sind hohe Kosten kein Wunder. Mit dem sogenannten Londoner Übereinkommen, das am 1. Mai 2008 in Kraft trat, hat sich die Situation für den Anmelder aber vereinfacht. Mitgliedsländer, die das Übereinkommen ratifiziert haben und in denen es bereits wirksam ist, werden in zwei Gruppen geteilt: Länder, in denen eine Amtssprache des EPA Amtssprache ist (Deutsch, Englisch oder Französisch), verzichten auf alle Übersetzungen. Alle anderen Länder können nur noch für die Ansprüche auf Übersetzungen bestehen sowie darauf, dass die Beschreibung in einer bestimmten Amtssprache vorliegt. Ist die Beschreibung auf Englisch, brauchen häufig nur noch die Ansprüche in die bzw. eine Landessprache übertragen werden.

Leider sind nicht alle EPÜ-Mitgliedsstaaten dem Londoner Übereinkommen beigetreten – zumindest aktuell nicht. Italien, Spanien und Österreich sind beispielsweise außen vor geblieben (Stand August 2017). Soll ein EP-Patent in diesen Ländern validiert werden, müssen die gesamte Beschreibung und die Ansprüche auf Italienisch, Spanisch und Deutsch vorliegen.

Das Londoner Übereinkommen hat somit zwar die Kosten für die Validierung merklich gesenkt, dennoch ist umfangreicher Patenschutz in den Mitgliedsstaaten des europäischen Patentübereinkommens immer noch vergleichsweise teuer.

8.2.2 Jahresgebühren

Bisher wurden Gebühren und Kosten für eine Patentanmeldung immer nur am Rande erwähnt. Ein durchaus signifikanter Kostenfaktor sind jedoch auch die sogenannten Jahresgebühren.

Diese sind, wie der Name nahelegt, jährlich zu zahlen. Sie werden beim EPA erstmals für das dritte Jahr nach dem Anmeldetag gezahlt, sie sind stets im Voraus zu entrichten und fallen dann jedes Jahr an. Werden sie nicht abgeführt, erlischt die Patentanmeldung beziehungsweise das Patent. Üblicherweise werden die Jahresgebühren mit steigendem Alter der Patentanmeldung beziehungsweise des Patents immer teurer: Beim EPA betragen die Jahresgebühren für das dritte Jahr 470 Euro, für das zehnte und alle nachfolgenden Jahre 1575 Euro (Stand August 2017). Hintergrund ist, dass der Anmelder nachdenken soll, ob er unter diesen Bedingungen bestimmte Schutzrechte tatsächlich weiter aufrechterhalten möchte oder sie doch lieber der Allgemeinheit freigibt – was für die Gesellschaft vorteilhaft wäre.

Wenn das so ist, warum steigt die Jahresgebühr beim EPA dann also nicht auch über das zehnte Jahr hinaus weiter an? Der Grund: Das EPA bekommt nur die Jahresgebühren bis zur Erteilung des EP-Patents. Danach fließen die Jahresgebühren an die Patentämter, in denen das EP-Patent validiert ist. Genauso, wie das EP-Patent in ein Bündel nationaler Patente zerfällt, zerfällt also auch die einheitliche Jahresgebühr ans EPA mit der Erteilung des EP-Patents in einen Strauß nationaler Jahresgebühren. Für ein Patent in Österreich fallen so für das sechste Jahr 104 Euro an, für das 20. bereits 1775 Euro. In der Schweiz klettert die Gebühr von 100 Franken im vierten Jahr auf 900 Franken im 20. Jahr. Und in Deutschland steigt sie von 70 Euro im dritten Jahr auf 1940 Euro im 20. Jahr (Stand August 2017).

Nach zehn Jahren sollte hoffentlich das EP-Patent erteilt sein, sodass dann die Zahlungen ans EPA entfallen. Sollte das Verfahren doch länger dauern, wird der Anmelder zumindest nicht mit noch höheren Gebühren bestraft.

Wichtig sind die Jahresgebühren auch beim Einreichen einer EP-Teilanmeldung: Alle bis zur Einreichung angefallenen Jahresgebühren sind nachzuzahlen. Wird die Teilanmeldung erst spät eingereicht, summieren sich die Jahresgebühren also ebenfalls auf einen signifikanten Betragt.

EP-Patente sind teuer

Validiert ein Anmelder sein EP-Patent in vielen Ländern, summieren sich die einzelnen Jahresgebühren zu einem beträchtlichen Betrag. Zusammen mit den Kosten für die Validierung – ganz besonders die Übersetzungen – ist ein EP-Patent also eine vergleichsweise kostspielige Angelegenheit. Daher wollte die EU das sogenannte **Einheitspatent** *(unitary patent)* einführen. Dabei handelt es sich tatsächlich um ein Patent für alle teilnehmenden EU-Mitgliedsstaaten, für das auch nur eine Jahresgebühr zu zahlen ist. Durch den Austritt Großbritanniens aus der EU ist allerdings unklar, ob und wann dies starten wird.

8.2.3 So lange läuft ein Patent

Angenommen, ein EP-Patent ist ordnungsgemäß validiert. Wie lange dauert der Patentschutz dann maximal? Wie immer wieder erwähnt: 20 Jahre ab dem Anmeldetag (Art. 63(1) EPÜ).

> **Die Patentlaufzeit beginnt immer mit dem *Anmeldetag*, nicht mit dem *Prioritätstag.***

Interessant ist diesem Zusammenhang aber auch Art. 63(2) b) EPÜ: Jeder Vertragsstaat kann den Patentschutz über diese 20 Jahre hinaus verlängern, wenn vor einer kommerziellen Verwertung ein Zulassungsverfahren zu durchlaufen ist. So ein Zulassungsverfahren ist ein Nachteil für die Anmelder solcher Erfindungen, denn andere Anmelder beginnen meist unmittelbar nach Erstellung der Erfindung, diese zu vermarkten. Art. 63(2) b) EPÜ macht es möglich, die Verzögerung durch Zulassungsverfahren in einem gewissen Umfang zu kompensieren. Mehr oder weniger alle nationalen Patentämter haben ähnliche Regelungen.

Für europäische Patente werden diese Verlängerungen als **ergänzende Schutzzertifikate** *(supplementary protection certificate, SPC)* bezeichnet und für zulassungsbedürftige Arzneimittel und Pflanzenschutzmittel erteilt. Ein SPC gilt üblicherweise nicht länger als fünf Jahre. Wird die Zulassung eines Arzneimittels auch für Kinder beantragt, kann sich die maximale Schutzdauer auf 5,5 Jahre verlängern. Wie lange es dann tatsächlich gilt, hängt aber vom Zeitpunkt der Erteilung der ersten Marktzulassung in Europa ab und davon, wie viel Zeit seit dem Anmeldetag des entsprechenden EP-Patents vergangen ist. Es wird erwartet, dass der Anmelder eine Dauer von fünf Jahren für das Zulassungsverfahren akzeptiert und er wird nur entschädigt, falls es länger dauert.

Zur Berechnung der Laufzeit eines SPCs wird zunächst die Zeitspanne zwischen dem Tag der Patentanmeldung und dem Datum der frühesten EU-Marktzulassung berechnet. Hiervon werden die erwähnten fünf Jahre abgezogen. Der so ermittelte Wert ergibt die Laufzeit des SPCs, die wiederum auf maximal fünf Jahre begrenzt ist (beziehungsweise 5,5 Jahre bei pädiatrischer Verlängerung). Hier einige Beispiele:

Beispiel SPC-Berechnung

Die Patentanmeldung für einen pharmazeutischen Wirkstoff erfolgt am 1. Februar 2015 und es wird keine pädiatrische Zulassung beantragt.

Fall 1: Am 1. Februar 2021 wird die Marktzulassung erteilt. Die Zeit zwischen dem Tag der Patentanmeldung und der Marktzulassung beläuft sich somit auf sechs Jahre. Hiervon werden fünf Jahre abgezogen, sodass das SPC ein Jahr laufen wird.

Fall 2: Die Marktzulassung erfolgt am 1. Februar 2025, also zehn Jahre nach dem Anmeldetag. Hiervon werden fünf Jahre abgezogen, sodass das SPC die maximale Laufzeit von fünf Jahren hat.

Fall 3: Die Marktzulassung erfolgt am 1. Februar 2026, volle elf 11 Jahre nach dem Anmeldetag. Nach Abzug der fünf Jahre bleiben sechs Jahre übrig – mehr als die Laufzeit ohne pädiatrische Verlängerung maximal sein darf. Also wird wie in Fall 2 nur ein SPC mit einer Laufzeit von fünf Jahren ausgestellt.

Wer Art. 63(2) EPÜ (aber auch andere Vorschriften, die sich mit SPCs beschäftigen) liest, könnte vermuten, dass ein SPC die Laufzeit des gesamten Patents verlängert. Tatsächlich geschieht das nicht, sondern nur der Schutz für die Substanz, für die die Marktzulassung erhalten wurde, wird ausgedehnt. Das heißt: Das Patent als Ganzes läuft nach 20 Jahren ab, aber der Schutz für einen kleineren Teil – den, der die zugelassene Substanz schützt – dauert dank des SPC weiter an.

> Gerade bei biowissenschaftlichen und chemischen Erfindung möchte der Patentinhaber häufig, dass seine Erfindung so lange wie möglich geschützt ist. Hierfür gibt es ausschließlich in den USA eine sehr spezielle Möglichkeit, die sehr vorteilhaft ist: Trödelt das USPTO während des Patenterteilungsverfahrens, wird nach Ablauf der Patentlaufzeit von 20 Jahren zumindest ein Teil der im Erteilungsverfahren verlorenen Zeit hinten als Extraschutzzeit angehangen, das sogenannte *patent term adjustment* (PTA). Teils beträgt sie sogar mehrere Jahre und kann somit für den Anmelder sehr wertvoll sein – beziehungsweise sehr ärgerlich für einen Konkurrenten, der darauf wartet, die Erfindung endlich selbst auch frei nutzen zu dürfen. Wer erfahren möchte, ob für ein bestimmtes erteiltes US-Patent ein PTA vorliegt und wie lang es gegebenenfalls ist, schaut am einfachsten auf der ersten Seite des erteilten US-Patents nach, der Seite mit den bibliografischen Daten. Dort findet sich unter dem Namen des Patentinhabers (INID-Code 73) ein entsprechender Vermerk (*Notice: subject to any disclaimer, the term of this patent is extended or adjusted under 35 U.S.C 154(b) by X days*).

8.2.4 Wer verletzt ein Patent?

Spätestens, wenn das Patent erteilt ist, stellt sich die Frage, wem es eigentlich was genau verbietet. Die Antwort liefert nun nicht mehr das EPÜ, sondern vielmehr das nationale Recht der jeweiligen Länder, in denen das EP-Patent validiert ist. Die Details variieren also von Land zu Land. Einige eher allgemeine Grundsätze gibt es jedoch.

Generell etwa kann ein Patentinhaber Dritten verbieten, seine Erfindung zu nutzen. Bei einem Erzeugnispatent zum Beispiel darf ein Dritter den geschützten Gegenstand nicht herstellen, anbieten, in Verkehr bringen, gebrauchen oder zu diesen Zwecken einführen oder besitzen. Schützt das Patent ein Verfahren, so darf ein Dritter das Verfahren nicht anwenden. Interessanterweise schützt ein Verfahrenspatent auch das auf diese Weise entstandene Produkt, nicht aber vollkommen gleiche Produkte, die anders gefertigt wurden.

Diese Verbote beziehen sich auf kommerzielle Zwecke, private Nutzungen dagegen sind meistens davon befreit. Wer also selbst ein patentgeschütztes Gerät in seiner Garage nachbaut und ausschließlich selbst verwendet, verletzt das Patent nicht.

Wenn ein Unternehmen allerdings nachweisen kann, dass es eine patentgeschützte Erfindung bereits vor dem frühesten Prioritätstag des Patents eines Dritten genutzt hat (und es nicht selbst zum Patent angemeldet, sondern es zum Beispiel als Betriebsgeheimnis behandelt hat), kann es häufig ein Vorbenutzungsrecht geltend machen. Dies berechtigt – sofern der besagte Beweis geliefert ist – das Unternehmen dazu, die Erfindung weiter nutzen zu dürfen, ohne Lizenzgebühren zahlen zu müssen.

Auch Forschung mit dem Ziel, eine patentgeschützte Erfindung weiterzuentwickeln, gilt in der Regel nicht als Patentverletzung. Wer zum Beispiel die Eigenschaften einer bestimmten patentgeschützten Polymerase optimieren möchte, kann die dafür notwendigen Experimente mit der patentierten Polymerase durchführen, ohne dafür eine Lizenz nehmen zu müssen. Wird die Polymerase aber in Experimenten zu anderen Zwecken eingesetzt, verletzt dies das Patent.

Im Laboralltag ist Patentverletzung aber meistens kein Problem, denn im Kaufpreis von Enzymen und Reagenzien sind bereits die entsprechenden Lizenzgebühren enthalten, die eine rechtmäßige Verwendung ermöglichen. Diese Lizenz ist aber gewöhnlich auf Forschungszwecke begrenzt und gilt nicht, wenn das patentgeschützte Erzeugnis oder Verfahren genutzt wird, um ein kommerzielles Produkt herzustellen. In solchen Fällen muss mit dem Patentinhaber eine entsprechende Lizenz ausgehandelt werden.

Wichtig ist auch zu wissen, dass Experimente, die für die Zulassung eines Medikaments oder auch eines medizinischen Geräts notwendig sind und bei denen patentgeschützte Erzeugnisse und Geräte verwendet werden, nicht als Patentverletzungen zählen. So werden zum Beispiel neue pharmazeutische Wirkstoffe häufig mit bereits zugelassenen und eventuell noch patentgeschützten Wirkstoffen verglichen, um die Wirksamkeit einschätzen zu können. Diese Ausnahmeregelung ist auch notwendig: Dürften Konkurrenten mit solchen Studien erst nach Ende der Patentlaufzeit beginnen, würde einige Zeit vergehen, bis ein entsprechendes Produkt auf den Markt kommen könnte, da zunächst noch das Zulassungsverfahren durchlaufen werden muss. Wäre dem so, würde das Patent faktisch mehr als 20 Jahre laufen.

8.3   Einspruch erheben

Gelegentlich gibt es Patente, die genaue betrachtet nicht hätten erteilt werden dürfen. Um diese Fehler zu korrigieren, gibt es die Möglichkeit des **Einspruchs** *(opposition)*. In dessen Folge kann ein bereits erteiltes EP-Patent auch später noch widerrufen werden. Innerhalb von neun Monaten nach Bekanntmachen der Erteilung (also nach dem Datum, an dem das Patentdokument veröffentlicht wurde) kann jeder – außer dem Patentinhaber selbst – einen Einspruch gegen das Patent einlegen (Art. 99(1) EPÜ). Das relevante Datum für die Berechnung der neunmonatigen Frist steht in der Patentveröffentlichung im Feld mit dem INID-Code 45 („Veröffentlichungstag und Bekanntmachung des Hinweises auf die Patenterteilung").

Grob geschätzt wird gegen weniger als fünf Prozent aller erteilten EP-Patente Einspruch erhoben. In dessen Folge wird davon wiederum ein Drittel widerrufen, ein Drittel bleibt in geändertem Umfang erhalten und ein Drittel bleibt unverändert gültig [1].

Für einen Einspruch ist ein entsprechendes Antragsformular (Formblatt 2300) auszufüllen und beim EPA einzureichen. Die Gebühr beträgt 785 Euro (Stand August 2017).

Zudem muss der Einsprechende angeben, warum das EPA das Patent so nicht hätte erteilen dürfen – etwa weil es an Neuheit, erfinderische Tätigkeit, Technizität oder gewerblicher Anwendbarkeit mangelt, aber auch zum Beispiel wegen eines Mangels an Offenbarung, was es dem Fachmann unmöglich macht, die Erfindung auszuführen, oder wenn eine unzulässige Erweiterung (Art. 100 EPÜ) vorliegt.

Wird Einspruch erhoben, wird der Patentinhaber aufgefordert, auf die von dem beziehungsweise den Einsprechenden vorgebrachten Argumente zu antworten. Eventuell reagiert der Einsprechende daraufhin noch mal, aber nach einigen Monaten wird die zuständige Abteilung des EPAs eine Ladung zur mündlichen Verhandlung an beide Parteien schicken – inklusive einer ersten vorläufigen Einschätzung der Abteilung zu dem Fall. Hierauf können wiederum beide Parteien reagieren und schriftlich ihre Argumente vorbringen.

Am Tag, an dem mündlich verhandelt wird, haben beide Seiten wiederum die Gelegenheit, Argumente auszutauschen. Am Ende des Tages wird die Einspruchsabteilung urteilen, ob und wie es mit dem Patent weitergeht: Es kann unverändert bestehen bleiben, wenn der Einspruch keinen Erfolg hatte. Es kann auch widerrufen werden. Oder aber es kommt zu einem Kompromiss – das Patent bleibt mit geänderten (engeren) Ansprüchen erhalten.

Die Partei, die nicht das bekommen hat, was sie wollte, kann dagegen **Beschwerde** *(appeal)* einlegen. Wird das Patent mit geändertem Umfang aufrechterhalten, können sich beide Seiten beschweren: Üblicherweise möchte der Einsprechende, dass das Patent widerrufen wird, und der Patentinhaber, dass es unverändert aufrechterhalten wird. Dann wird sich die Beschwerdekammer mit der Sache beschäftigen und zu einer Entscheidung kommen, ebenfalls nachdem alle Beteiligten mehrfach Argumente austauschen konnten.

Das ganze Verfahren kann sich also durchaus jahrelang hinziehen. Für den Patentinhaber ist es verständlicherweise ärgerlich, wenn ihm nachträglich sein EP-Patent wieder weggenommen wird. Doppelt ärgerlich ist es aber aufgrund des zeitlichen Ablaufs: Nach Erteilung hat der Anmelder nur drei Monate Zeit, um sein EP-Patent zu validieren, wodurch ihm durchaus signifikante Kosten entstehen. Allerdings erfährt er erst einige Monate später, ob jemand gegen sein Patent einspricht, und unter Umständen erst Jahre später, was das Ergebnis sein wird. Hat er Pech, wird das Patent widerrufen – und damit gelten auch alle nationalen Patente nicht mehr, die durch die Validierung des EP-Patents entstanden sind. Die Unkosten dafür waren also vergeblich.

Für den Einsprechenden ist ein Einspruch dagegen eine vergleichsweise kostengünstige Option, um ein störendes Patent loszuwerden – vorausgesetzt, dass es gute Argumente gibt, warum es nicht hätte erteilt werden dürfen. Teuer wird es in Europa erst, wenn die Frist von neun Monaten für das Einreichen der Einspruchsschrift bereits abgelaufen ist, denn dann ist ein Einspruch beim EPA nicht mehr möglich. Danach bleibt nur noch, in jedem Land, in dem das EP-Patent validiert wurde, einzeln gegen das Patent vorzugehen. Statt einem Verfahren müssen also mehrere oder sogar viele geführt werden, was die Kosten vervielfacht.

Um möglichst früh von neu erteilten Patenten zu erfahren, und gegebenenfalls rechtzeitig einen Einspruch einlegen zu können, machen Unternehmen regelmäßig einschlägige Recherchen (▶ Abschn. 4.2). Es ist immer sinnvoll, möglichst zeitig über eventuell problematischen Patente Bescheid zu wissen. Denn bleibt nicht mehr genug Zeit einzusprechen, wird es danach wie gesagt teuer, gegen ein Patent vorzugehen.

Gegen erteilte US-Patente vorgehen

In den USA gibt es Äquivalente zum europäischen Einspruch, wenngleich sie üblicherweise wesentlich teurer sind als ein Einspruch gegen ein EP-Patent. Eines davon ist der *inter partes review* (IPR). Auch hier kann nach Erteilung eines US-Patents - allerdings ohne zeitliche Beschränkung – ein Antrag auf Löschung eines oder mehrerer Ansprüche wegen mangelnder Neuheit oder erfinderischer Tätigkeit gestellt werden (35 U.S.C. 311) – allerdings nicht beim USPTO, sondern beim **US Trial and Appeal Bord** (PTAB), das erst mit dem America Invents Act 2012 eingerichtet wurde. Das Verfahren dauert maximal 18 Monate.

Die Gebühren für einen IPR werden in zwei Stufen fällig: Zunächst ist der Antrag zu stellen, dem die Argumente des Antragstellers gegen zumindest einen der erteilten Ansprüche beigefügt werden. Hierfür werden bereits 9000 US-Dollar fällig, plus 200 US-Dollar für den 21. und alle weiteren Ansprüche, gegen die vorgegangen wird. Sind die Argumente des Antragstellers so überzeugend, dass ihnen mit hinreichender Wahrscheinlichkeit stattgegeben wird, wird das eigentliche IPR-Verfahren eingeleitet, wofür der Antragsteller weitere 14.000 US-Dollar zahlen muss. Richtet sich das Verfahren gegen mehr als 15 Ansprüche, kostet jeder Anspruch darüber hinaus 400 US-Dollar extra (Stand August 2017). Minimal sind also 23.000 US-Dollar ans PTAB zu zahlen, bereits mehr als das Zwanzigfache der Gebühren für einen EPA-Einspruch – und die Gesamtkosten für den IPR können sich durchaus auf 300.000 bis 600.000 US-Dollar belaufen [2]: Während ein Einspruch gegen ein EP-Patent aufgrund der vergleichsweise überschaubaren Kosten bereits dann eingereicht wird, wenn nur ein geringes Interesse besteht, dass das Patent widerrufen wird, wird bei einem IPR gegen ein US-Patent wesentlich genauer überlegt, ob das Verfahren wirklich notwendig ist.

8.4   Was tun mit dem Patent?

In forschenden Unternehmen werden Patente meistens selbst genutzt, indem sie eigene Produkte vor Nachahmern schützen. Was geschieht aber mit den Patenten, die einer akademischen Einrichtung gehören? Sie werden wohl kaum ihre patentgeschützten Produkte selbst vermarkten wollen – oder vielleicht doch?

8.4.1   Lizenzen

Wer ein Produkt auf den Markt bringen möchte, das die Patentechte eines Dritten verletzt, braucht vom Inhaber der Rechte eine Lizenz, um das Patent nutzen zu dürfen. Solche Lizenzen gibt es in vielen Variationen. Grundsätzlich lässt sich zwischen exklusiven und nicht-exklusiven Lizenzen unterscheiden. Bei einer exklusiven Lizenz ist der Lizenznehmer der Einzige, der die Erfindung nutzen kann. Je nachdem, wie der Lizenzvertrag dann ausgestaltet ist, kann es passieren, dass selbst der Patentinhaber nicht mehr befugt ist, die geschützte Erfindung zu nutzen. Bei einer nicht-exklusiven Lizenz behält sich der Patentinhaber vor, weitere Lizenzen an andere Interessenten zu vergeben.

Lizenzen sind häufig beschränkt: auf eine geografische Region, auf einen bestimmten Zeitraum, ein spezielles Feld und so weiter. Gesetzliche Vorgaben gibt es dafür nicht – alles, was die Vertragsparteien für sinnvoll halten, kann vereinbart werden.

Ein Lizenznehmer kann zum Beispiel eine exklusive Lizenz an einem pharmazeutischen Wirkstoff beschränkt auf ein bestimmtes Krankheitsbild erhalten. Dann ist nur er und niemand anderes berechtigt, diesen Wirkstoff in Verbindung mit dieser Krankheit zu verwenden. Ein zweiter Lizenznehmer könnte ebenfalls eine exklusive Lizenz an dem Wirkstoff haben, aber nur für ein anderes Krankheitsbild. Die Lizenz ist zwar exklusiv, doch jeweils nur für ein bestimmtes Feld.

Häufig werden exklusive Lizenzen auch für bestimmte Regionen vergeben. Ein Unternehmen, das vielleicht ein gutes Vertriebsnetz in den USA hat, wird eventuell ein von ihm entwickeltes Medikament in den USA selbst vermarkten – und sich Lizenznehmer in anderen Ländern oder gleich für ganze Kontinente suchen. Von dieser Art Zusammenarbeit profitieren häufig beide Partner. Denn ein Vertriebsnetz aufzubauen, kostet viel und es kann lange dauern, die nötige Vertrauensbasis bei den Kunden zu schaffen. Ein etabliertes Unternehmen kann dagegen direkt mit dem Vertrieb loslegen.

Es müssen nicht immer nur erteilte Patente sein, für die Lizenzen vergeben werden, vielmehr können Lizenzen auch für Patentanmeldungen erteilt werden. Will oder kann ein Unternehmen zum Beispiel einen Produktkandidaten nicht selbst zur Marktreife bringen, kann es sich einen Partner suchen, der dies übernimmt (entweder alleine oder mit dem Unternehmen zusammen). Umso ferner die Erfindung von der Marktreife ist, desto geringer wird allerdings der Lizenzsatz sein. Immerhin muss der Lizenznehmer noch in das Produkt investieren und das Risiko ist höher, dass das Projekt nicht erfolgreich sein wird. Besonders bei zulassungspflichtigen Produkten ist die Wahrscheinlichkeit hoch, dass die Erfindung nie in ein zugelassenes Produkt mündet.

Akademische Einrichtungen, die Patentanmeldungen/Patente besitzen, versuchen meistens, einen Lizenznehmer für die Erfindung zu finden und durch diese Einnahmen die Erfindung zu kommerzialisieren. Bevorzugt wird dieser Partner vor Ablauf der PCT-Phase gefunden. Dann übernimmt der Lizenznehmer entweder direkt die hohen Kosten, die mit dem Eintritt in die nationale Phase verbunden sind. Zumindest aber ist sichergestellt, dass diese Ausgaben durch die Lizenzgebühren wieder eingenommen werden. Gelingt es nicht, rechtzeitig einen Partner zu finden, verfolgen akademische Einrichtungen Patentanmeldungen häufig nur in Europa weiter, um die Kosten im Rahmen des Budgets zu halten – gerade wenn die finanzielle Ausstattung nicht gut ist. Allerdings sind dadurch Lizenzen für Unternehmen häufig weniger oder sogar gar nicht mehr attraktiv, da somit der größte Teil der Welt der Konkurrenz kostenlos zur Verfügung steht. Es ist daher meistens unwahrscheinlich, dass so eine Erfindung noch einen Lizenznehmer findet.

8.4.2 Das Patent selbst nutzen: Spinn-offs

Lizenzen sind zwar die häufigste Nutzungsart von Erfindungen aus dem akademischen Bereich, aber nicht die einzige. Warum andere die Erfindung verwerten lassen, wenn die Leute mit der meisten wissenschaftlichen Expertise auf dem Gebiet im eigenen Haus arbeiten?

Für die Kommerzialisierung wird meistens ein neues Unternehmen gegründet – eine sogenannte Ausgründung oder Spin-off. Deren Ziel ist, aus der Erfindung ein Produkt zu machen. An der Gründung sind üblicherweise ein oder mehrere Erfinder beteiligt. Da diese meistens Wissenschaftler sind, fehlt ihnen oft der betriebswirtschaftliche Hintergrund. Entweder durchlaufen die Neugründer einen Crashkurs zu den entsprechenden Themen oder, was meistens wesentlich sinnvoller ist, gründen zusammen mit Partnern, die dieses Wissen und die entsprechenden Erfahrungen bereits haben. Ideal ist es, wenn diese Partner in der Gründerszene gut vernetzt sind und Ansprechpartner für mögliche Fragen kennen – und im Idealfall natürlich auch potenzielle Investoren.

Häufig stellen akademische Einrichtungen dem Spinn-off Räumlichkeiten und die institutseigene Infrastruktur kostengünstig bereit. Um die Finanzierung müssen sich die Gründer aber meistens selbst kümmern. Manche außeruniversitären Einrichtungen verfügen über eigene Risikokapitalgeber, die (sofern sie die Unternehmensidee vielversprechend finden) die erste Finanzierung übernehmen. Ansonsten muss das Unternehmen Investoren vorgestellt werden oder es nimmt an Ausschreibungen für staatliche Förderung für Firmengründungen oder junge Unternehmen teil. Gründerberatungszentren und -netzwerke bieten hilfreiche Ansprechpartner.

> ⏩ Wichtig ist aber, dass die Rechte an den Patentanmeldungen beziehungsweise Patenten für die Erfindung, die das Spinn-off kommerzialisieren möchte, zunächst üblicherweise bei der akademischen Einrichtung liegen (beziehungsweise den entsprechenden Technologietransferzentren). Wer späteren Ärger vermeiden möchte, wird bereits im Gründungsprozess Regeln zur Nutzung dieser Rechte finden – nachträglich kann es schwierig werden. Da das Spin-off auf diese Rechte angewiesen ist, wäre es fatal zu versäumen, diese Rechte zu sichern.

8.5   Im Patentwesen arbeiten

Dieses Buch will Forschern aus biowissenschaftlichen und chemischen Fachbereichen, gerade im akademischen Bereich, Grundlagen im Patentrecht und eine gewisse „Patentdenke" vermitteln: Jeder sollte bei seiner täglichen Arbeit in der Lage sein, patentierbare Erfindungen zu erkennen und zu wissen, was damit zu tun ist. Vielleicht hat es aber auch Lust auf noch mehr Patentrecht geweckt? Nun, das Patentwesen ist durchaus eine Karriereoption. Wie verläuft also der berufliche Einstieg?

Patentmitarbeiter finden sich üblicherweise in forschenden Unternehmen oder aber in Patentanwaltskanzleien, aber natürlich braucht auch das EPA Personen, die als Prüfer den Prozess der Patenterteilung verantworten. Neueinsteiger in diesen Berufen bringen zwar fast immer einen bestimmten wissenschaftlichen Hintergrund mit, oft aber nur wenige bis gar keine Patentkenntnisse. Bei einer Bewerbung wird es jedoch meistens positiv bewertet, wenn der Kandidat zumindest irgendwelche Grundkenntnisse nachweisen kann.

Wer Mitarbeiter im Patentwesen ist, aber kein Patentanwalt, wird gerne als Patentreferent bezeichnet (bei den Ingenieuren auch als Patentingenieur). In den Kanzleien wird von (Patentanwalts-)Kandidaten gesprochen. Die praktische Ausbildung erfolgt in der Regel durch den Vorgesetzen oder Kollegen. Aber der Patentneuling muss auch bereit sein, sich selbständig ins Thema einzuarbeiten. In Unternehmen arbeitet der Patentreferent häufig mit internen oder externen Patentanwälten zusammen und übernimmt die Koordination zwischen den Erfindern und dem Patentanwalt. Die meisten Unternehmen fördern die Ausbildung zum Patentanwalt, aber für viele Unternehmen ist das Bestehen der Prüfung keine Pflicht. Der Mitarbeiter kann auch ohne erfolgreich abgelegt Prüfung produktiv in der Patentabteilung mitarbeiten. In Kanzleien dagegen sieht es meistens anders aus – hier wird vom Kandidaten häufig erwartet, dass er sich ernsthaft auf die Prüfung vorbereitet und diese irgendwann auch besteht.

Viele Patentreferenten wollen jedoch von sich aus die Ausbildung zum Patentanwalt machen – nicht zuletzt, weil die Qualifikation üblicherweise ein höheres Gehalt mit sich bringt. Hierfür müssen unterschiedliche Voraussetzungen erfüllt werden, die spezifisch für das jeweils zuständige Patentamt sind. Im Folgend ist beschrieben, wie die Qualifikation für das EPA erworben wird. Auf Deutsch heißt es dann übrigens „zugelassener Vertreter vor dem europäischen Patentamt".

Wer also ein zugelassener Vertreter werden möchte, muss zunächst einen Studienabschluss in einem natur- oder ingenieurwissenschaftlichen Bereich vorweisen und eine anschließende dreijährige Erfahrung im Patentwesen. Diese Zeit kann von einem zugelassenen Vertreter betreut werden, der dem EPA diese Ausbildungsspanne bestätigt. Alternativ kann der notwendige Nachweis auch darin liegen, dass diverse Handlungen in verschiedenen EP-Patenterteilungsverfahren übernommen werden, zum Beispiel das Einreichen von Patentanmeldungen, das Zahlen von Gebühren, das Beantworten von Amtsbescheiden oder das Einleiten der regionalen Phase. In diesem Fall ist für die Zulassung zur Prüfung beim EPA eine Liste dieser Tätigkeiten einzureichen, inklusive der entsprechenden Anmeldenummern zur besseren Überprüfbarkeit. Wichtig ist, dass eine erste Handlung beim EPA bereits möglichst mit Beginn dieser Tätigkeiten erfolgen sollte, um die volle Zeit angerechnet zu bekommen.

Sind mindestens zwei Jahre dieser Ausbildungszeit vergangen, kann man sich zur Vorprüfung anmelden. Diese findet einmal jährlich statt, üblicherweise im Februar/März. Sie besteht aus Multiple-Choice-Fragen, die verschiedene Aspekte des EPÜ und die Interpretation von Ansprüchen abdecken.

Wer die Vorprüfung besteht, kann sich im folgenden Jahr zur Hauptprüfung anmelden, der **europäischen Eignungsprüfung** (*European Qualifying Examination*, EQE), die ebenfalls im Februar/März durchgeführt werden. Die gesamte Prüfung besteht aus vier Teilen, die über einen Zeitraum von drei Tagen stattfinden. Es ist nicht erforderlich, alle vier Klausuren auf einmal zu schreiben. Bestandene Prüfungen bleiben bestanden, sodass im folgenden Jahr nur die noch offenen Prüfungen geschrieben werden brauchen. Jede Prüfung kann (noch) beliebig oft wiederholt werden.

Am ersten Prüfungstag geht es darum, Rechtsfragen zu beantworten und ein Rechtsgutachten zu erstellen. Am zweiten Tag ist vormittags zunächst eine Patentanmeldung (vor allem deren Ansprüche) zu schreiben und nachmittags auf einen Amtsbescheid zu antworten. Am letzten Tag geht es um das Erstellen einer Einspruchsschrift. Jede Klausur ist mit maximal 100 Punkten belegt. Wer 50 oder mehr Punkte hat, hat auf jeden Fall bestanden. Wer in allen vier Prüfungen mindestens 200 Punkte und in keiner weniger als 45 hat, hat ebenfalls die EQE bestanden. Es ist also möglich, bis zu fünf Punkte einer nicht so guten Prüfung durch eine gute Prüfung mit mehr als 50 Punkten zu kompensieren.

Die Durchfallquoten mögen auf den ersten Blick abschreckend hoch sein. Wer sich allerdings gründlich vorbereitet, hat eine durchaus gute Chance zu bestehen. Allerdings braucht es auch ein bisschen Glück, sodass es trotz guter Vorbereitung sein kann, dass die eine oder andere Prüfung wiederholt werden muss. Zur Prüfungsvorbereitung gibt es diverse Kurse und Online-Schulungen, die auf die speziellen Anforderungen bei den Prüfungen hinweisen. Diese Veranstaltungen zu besuchen, ist vollkommen freiwillig und keine Voraussetzung, um an den Prüfungen teilzunehmen.

Neben der Arbeit als Patentreferent/Patentanwalt gibt es auch die Möglichkeit, als Patentrechercheur zu arbeiten. Dieser Beruf ist zwar seltener, aber Patentabteilungen in Unternehmen haben häufig zumindest einen Rechercheur. Alternativ sind solche Personen bei Dienstleistern zu finden, die alle Arten von Recherchen und Patentüberwachungen im Kundenauftrag übernehmen. Rechercheure müssen nicht nur das Patentrecht kennen, sondern auch die entsprechenden Datenbanken. Und sie müssen wissen, welche Strategie eine Recherche möglichst umfassend und effizient macht.

Ein Beruf im Patentwesen ist anspruchsvoll, üblicherweise gut bezahlt und bietet gute Perspektiven. Meistens braucht es hierfür nur einen Computer und idealerweise Zugang zum Internet, sodass Arbeiten vom Home Office aus – zumindest bei einem entgegenkommenden Vorgesetzten – relativ problemfrei möglich ist. In vielen Fällen ist auch Teilzeitarbeit wesentlich einfacher möglich als bei Laborarbeit, weswegen im Patentrecht Beruf und Familie vergleichsweise gut vereinbar sind. Das Patentrecht hat es auf jeden Fall verdient, beim Planen der Karriere als eine Option bedacht zu werden.

8.6   Hilfreiche Links

Wer wissen möchte, welche Länder welche Anforderung für die Validierung eines EP-Patents haben, kann über die EPA-Homepage (www.epo.org) den Leitfaden „Nationales Recht zum EPÜ" herunterladen. Hier finden sich zum Beispiel auch die Jahresgebühren, die die nationalen Patentämter für die Aufrechterhaltung eines Patents verlangen.

Alles rund um die EQE und den Weg dorthin findet sich unter https://www.epo.org/learning-events/eqe/about_de.html. Wer Informationen über die Ausbildung zum zugelassenen Vertreter oder zum deutschen Patentanwalt aus Bewerbersicht oder Stellenanzeigen aus diesem Bereich sucht, wird zum Beispiel unter www.kandidatentreff.de fündig.

Literatur

1. EPO Jahresbericht (2016) https://www.epo.org/about-us/annual-reports-statistics/annual-report/2016/statistics/searches.html#tab4. Zugegriffen: 29. Aug. 2017
2. Patent Trademark Blog. http://www.patenttrademarkblog.com/how-much-does-ipr-cost/. Zugegriffen: 29. Aug. 2017

Serviceteil

© Springer-Verlag GmbH Deutschland, ein Teil von Springer Nature 2018
S. Vorwerk, *Schritt für Schritt zum Patent*,
https://doi.org/10.1007/978-3-662-55966-6

Sachverzeichnis

Printed in the United States
By Bookmasters